온돌문화
구들 만들기

국립중앙도서관 출판시도서목록(CIP)

온돌문화 구들 만들기 / 지은이: 김준봉, 문재남, 김정태. -- 서울 :
청홍, 2011
    p. ;   cm

ISBN 978-89-90116-45-1 03540 : ₩25000

온돌[溫突]

547.72-KDC5
697.72-DDC21   CIP2011003696

온 돌 문 화
구들 만들기

김준봉 문재남 김정태 공동지음

책머리에

금속활자, 한글, 고려청자, 한옥, 한복, 한식……, 우리가 조상으로부터 물려받은 빛나는 전통문화유산은 무수히 많다. 그 중에서 주거문화는 다른 나라와 비교했을 때 독특하면서도 유일한 온돌에 기초를 두고 있다. 전 세계에서 100% 온돌에서 생활하는 민족은 지금까지 우리나라 밖에 없다. 그 온돌은 반만년도 훨씬 전에 이미 만들어졌고, 장구한 세월 동안 변천해왔다. 하지만 최근 급격한 근대화의 물결로 인하여 수천 년간 지속되어온 전통온돌의 기술이 사라질 위기다.

작금의 사태를 보면, 온돌 그 찬란한 구들문화는 과학성과 건강성, 친환경성에도 불구하고 종주국인 대한민국에서조차 계속 발전적으로 전수되지 못하고 아파트의 폭풍에 밀려 농촌 등지에서 근근이 그 명맥을 이어가고 있는 실정이다.

따라서 우리에게는 최근 전 세계적으로 조명을 받으며 새롭게 발전하고 있는 두한족열의 건강난방법이자 보건위생학적으로도 청결하며 저탄소 녹색성장의 기초인 바닥난방, 즉 우리 온돌의 실제적인 설계와 시공법을 널리 알려 온돌 종주국이 대한민국임을 세계만방에 알려야 할 책임이 있다.

하지만 아직까지는 가장 바람직한 전통온돌의 기준과 구조 등에 대한 기록이 빈약한 실정이기에 지금까지 이어온 전통온돌의 구조와 원리, 시공적산에 관한 자료의 발굴과 개발을 통해 우리 전통온돌문화를 계속적으로 이어가는 초석을 놓고, 또한 날로 확대되는 세계 온돌(바닥난방매트) 시장에서

우리의 온돌산업이 주체적인 역할을 담당하는 기초를 다지고자 이 책을 펴낸다. 온돌의 탁월한 장점을 살린 우리 민족 고유의 주거문화를 계승 발전시키는 데 미력하나마 힘을 보태고자 하는 바람이다.

이 책은 경희대학교 '지속가능 건강건축 연구센터'의 지원으로 발간하는 '전통문화와 건강건축 시리즈'의 첫 번째 산물이다. 전통온돌의 현대적 계승과 보존을 위하여 매년 국제온돌학회에서 실시하는 구들 만들기 실습 현장에서 실제로 적용되는 전통구들의 구조와 원리를 구체적으로 설명하고, 그간에 국제온돌학회에서 발표된 시공과 적산 등에 관한 연구논문과 도면, 산식을 정리하여 기술하였다. 이 책이 바람직한 온돌의 구조와 원리, 시공적산 등을 만드는 데 기초자료 역할을 충분히 담당할 수 있을 것이다. 이 책의 발간으로 인해 세계 온돌시장에 우리의 우수한 제품들이 등장할 수 있는 긍정적인 기틀이 마련되기를 기대한다.

아낌없는 성원과 지도편달을 바랄 뿐이다. 온돌, 그 찬란한 구들문화의 무궁한 발전을 기대한다.

2011년 8월 저자 일동

[목 차]

구들에 대한
이해

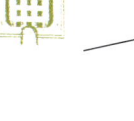

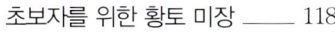

IV

구들방을 잘 만들려면

부록1

각종 참고자료

부록2

사진으로 보는 전통온돌 놓기

부록3

전통온돌기술자 1급 교육과정 —— 226

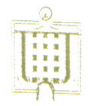

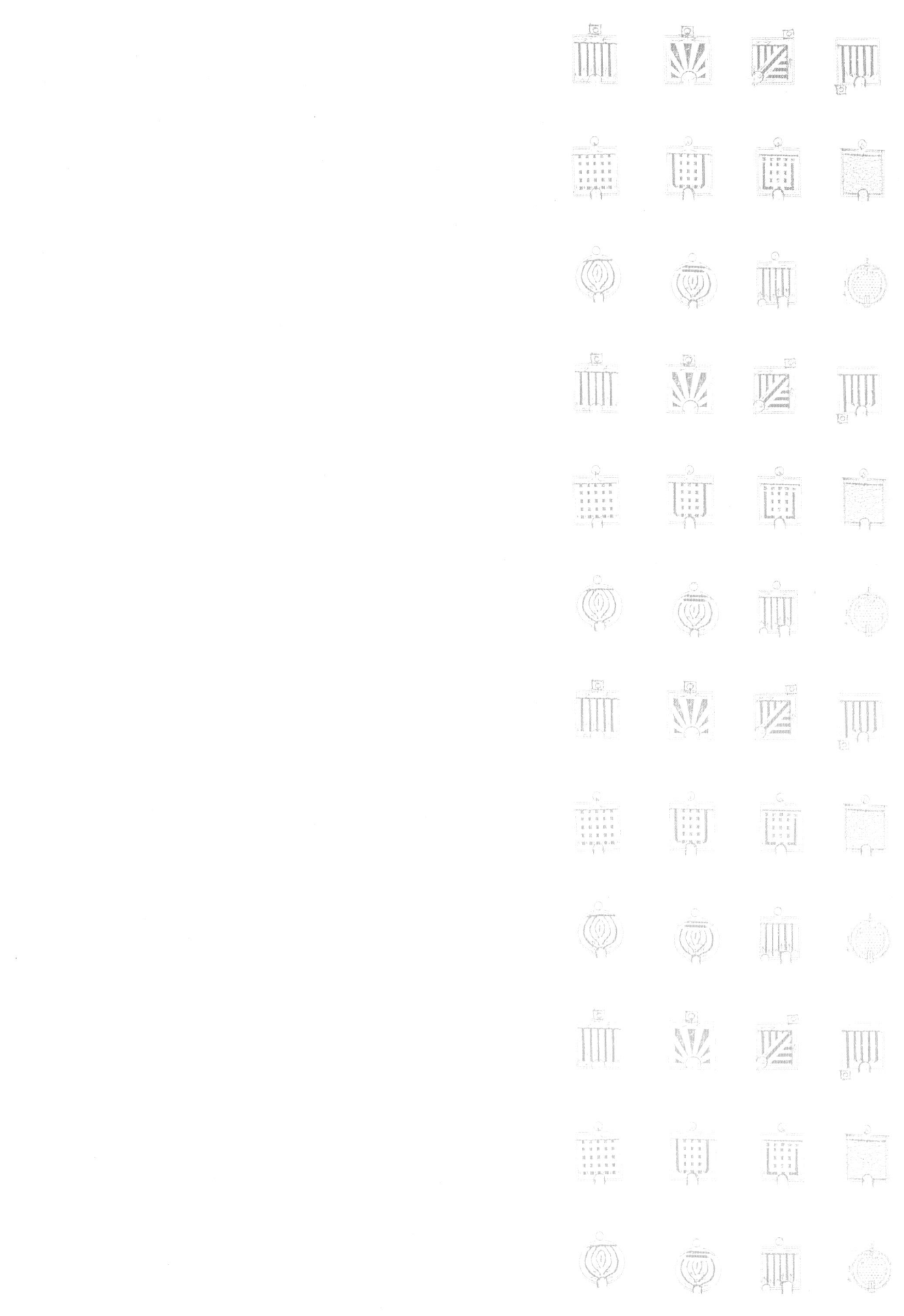

구들(온돌)의 유래

I

1 구들방의 유래

정마저 따뜻하게 피워주는 온돌

추운 날씨에는 따끈따끈한 아랫목이 그리워진다. 집 밖이 아무리 살벌하게 추워도 따뜻하게 우리를 감싸주는 온돌방, 세계에서 모든 국민이 온돌방에서 사는 나라는 우리 대한민국밖에 없다. 눈 내리며 깊어가는 겨울의 멋스러움 만큼이나 멋이 묻어나는 한옥의 온돌, 5000년 역사가 서린 이 땅 온돌에 살며 뜨거운 찜질방에서 시원한 휴식을 취하는 사람들이 있다.

구례 운조루 전경 ●

세계시장에 내놓아도 손색없는 전통문화

우리 한민족이 세계에 내놓을 수 있는 전통문화는 많다. 한글, 한복, 한식, 한지, 금속활자, 고려청자 등 수 많은 유산 중에는 대표적인 우리 삶의 터전인 한옥도 있다. 그렇지만 우리 한옥의 처마 곡선이 아무리 아름답다고 한들 미국인은 미국식 집을, 일본인은 일본식 집을, 중국인은 중국식 집을 더 아름답게 느끼는 것은 인지상정이다.

온돌의 가치와 중요성이 바로 여기에 있는데, 백남준 선생의 비디오아트가 글로벌 세계시장에서 인정받는 것은 그가 한국인이고 한민족의 정서를 표현해서가 아닌 것처럼, 한옥의 온돌은 세계시장에 내놓아도 손색이 없는 글로벌한 우리 전통문화다.

집은 사람이 만들고 그 공간에 사람이 살지만, 이미 만들어진 집은 그곳에 사는 사람의 마음을 만들고 느낌을 지배한다. 우리가 흔히 생각하는 것처럼 전통은 불편한 것이 아니다. 진정한 전통은 편하고 익숙하여 우리가 즐기는 것이다. 사실 전통문화가 있어야 현재도 미래도 존재한다. 우리의 온돌은 이와 같이 편하고 익숙하면

서도 품격이 서려 있는 한민족의 핵심적인 주거 양식이다. 한국인의 따스한 인간미와 정의 근원이 바로 따스한 온돌에 있다고 해도 과언이 아니다. 왜냐하면 아랫목과 윗목이 절묘하게 위계질서와 조화를 이루고, 뼛속까지 따뜻하게 녹여주는 온돌이 우리네 마음을 더 따스하게 녹여주기 때문이다.

신석기시대의 '온통구들'이 지금의 '온돌'로

온돌은 무엇인가? 온돌의 옛말이자 순 우리말은 '구들'이다. '구운 돌'에서 유래했다고도 하고, 바닥에 불구덩이가 지나가는 통로인 '굴'에서 유래했다고 볼 수도 있다. 이 구들은 조선시대 훈민정음 창제 이후 비로소 한자어로 표기되면서 온돌(溫突)이란 단어로 표기되기 시작하였다. 이후 일본과 서방의 나라들은 조선의 고유한 온돌을 다른 말로 표현할 길이 없어 'Ondol'로 표현하였다. 그래서 온돌이 곧 구들이며, 구들과 온돌은 같은 말이다.

그러면 한민족의 온돌은 과연 언제부터 시작되었을까? 현존하는 유적을 토대로 하면 화덕과 부뚜막이 사용된 신석기시대로 볼 수 있는데, 지금으로부터 대략 5000년 이전쯤으로 볼 수 있다. 물론 초기 온돌은 지금처럼 여러 줄의 고래(뜨거운 불기운과 연기가 지나가는 통로)로 방 전체를 데우는 방식이 아니고, 부뚜막을 길게 한 줄로 연결한 외줄

구들 모형

고래(혹은 쪽구들이라고 함) 형태였다가, 1~2세기경인 고구려시대에 두줄고래와 세줄고래로 발전하였다. 이후 7~8세기경인 발해시대에 이르러 지금의 여러줄고래 형태인 온통구들이 널리 퍼지게 된 것으로 보인다.

이와 같이 불의 발견과 더불어 인류는 급속한 발전을 하였는데, 특히 불을 난방에 이용하면서 주거지를 급격하게 넓혀갈 수 있었다. 그런데 불은 항상 연기와 같이 다니기에 역사적으로 불과 연기를 나누려는 노력을 수없이 해왔다. 서구 유럽에서도 불과 연기를 나누기 위해 창문(Window, 창문의 어원은 연기가 나가는 구멍이라는 뜻)을 만들었는데, 이러한 창은 연기가 나감과 동시에 열기마저 빠져나가고 찬바람이 들어와 열효율이 크게 떨어진다. 그래서 9세기경부터 등장하는 벽난로는 굴뚝이 없는 형태였다가 200~300년이 지난 11세기에 들어서야 굴뚝이 있는 벽난로가 만들어지게 된다.

전통온돌은 단순한 난방시설이 아닌 고도의 집진설비

우리 한민족은 불같은 민족이다. 그래서 '물불을 안 가린다'고 하지 않았던가? 감기에 걸리면 뜨거운 온돌방에서 몸을 지지는 민족은 세계 어디에도 없다. 우리 민족은 현대의 획기적인 암 치료 방법인 '온열치료법'을 일찍이 터득하였다고 볼 수 있다. 따라서 온돌은 단순한 난방시설이 아니다. 취사를 필수적으로 하면서 그 폐열을 자연스럽게 난방으로 이용한 효율적인 방법이다.

또한 불이 꺼지면 금방 추워지는 벽난로 같지 않고, 불을 땔 때 그 열을 저장하여 불이 꺼진 후에도 다음에 불을 때서 밥을 하기 전까지 충분히 따뜻하게 유지하는 축열 성능을 잘 이용한 방법이다. 더욱이 방바닥에서 직접 데우기 때문에 난방 현장인 방바닥에 보일러실이 설치되어 방 여러 곳을 데우는 세계 최초의 중앙공급식

난방장치다. 전통 구들에는 구들개자리와 고래개자리, 굴뚝개자리가 있는데, 이들은 열을 가두고 보존하면서 외부로부터 들어오는 찬 기운을 막아주고, 타고 남은 재가 날리지 않고 완전히 연소되게 만드는 고도의 '집진설비'다.

이와 같이 우리 전통문화로서의 온돌은 열의 전도와 대류, 복사를 모두 이용하는 과학적인 난방 방식인 동시에 보건의학적 측면에서는 '두한족열(頭寒足熱)'을 통해 건강을 유지시켜주는 난방 방식이다. 또한 따뜻한 방바닥으로 인해 실내에서는 신을 벗고 생활할 수 있는 위생적인 난방 방식이다.

온돌은 바닥을 뜨겁게 함으로써 실내 온도를 비교적 낮게 하면서도 이불과 요를 바닥에 깔아 방바닥의 온도를 보존하여 실내의 쾌적함을 극대화시키기 때문에 실내외 기온 차를 줄일 수 있어 난방 효율이 높다. 바닥을 통한 복사난방으로 실내의 상하부 기온 차가 적고, 서양의 공기조화 난방처럼 대류로 인한 공기의 흐름이 과도하여 방바닥의 먼지가 상승해 실내 공기를 오염시키는 현상을 방지하는 탁월한 난방 방식이다.

민족 고유의 난방법 '온돌'을 세계문화유산으로

불은 위로 올라가는 성질이 있어서 위쪽이 가장 뜨겁다. 벽난로는 불이 서 있어서 '선 불'이라 할 수 있고, 우리의 온돌은 불을 뉘어서 옆으로 기어가게 하기에 '누운 불'이라 할 수 있다. 선 불이건 누운 불이건 불의 윗부분이 가장 뜨겁다. 그래서 불의 윗부분을 사용하는 것이 가장 효율적이라 할 수 있는데, 벽난로는 그 불 옆에 냄비를 놓는 격이니 얼마나 한심한가?

우리의 온돌은 불을 뉘어서 그 위에 깔고 앉아서 불을 다스리는 형국이다. 이와 같이 따뜻한 온돌은 바닥을 데우기에 여러 가지 장점이 있다. 온돌의 한국적인 아름다움은 에너지 절약과 건강 측면 외에도 실내에서의 탈화와 좌식 생활을 유도하여 정적이고 청결한 문화를 만들었다는 데 있다. 발보다는 손을 많이 사용함으로써 정교한 손재주를 이용하여 다양한 문화를 발달시켜왔다. 더욱이 실내외를 착화 여부로 구분하여 흰옷과 깨끗함이 우리 민족의 상징이 되었고, 이 깨끗함이 오랜 역사를 이어온 원동력이 되었음을 자연스럽게 알 수 있다.

브리테니커 백과사전에도 등록된 온돌은 이제 세계시장까지 노크하고 있다. 세계 어디를 가나 한국 유학생들이나 교민들은 전기온돌매트 하나쯤은 가지고 다니기 때문에 온돌이 없는 곳에서도 추운 겨울을 무난히 날 수 있다. 서양인들의 눈에는 전기 프라이팬으로 보일 수도 있는 온돌매트는 그들이 생각지 못한 우리의 독창적인 발명품이다.

결론적으로 이런 온돌은 우리 민족 고유의 난방법이고, 우리 조상이 5000여 년 전부터 개발하여 물려준 빛나는 문화유산이다. 이제는 온돌의 세계화를 위한 움직임을 본격화할 때다. 온돌박물관과 온돌전시장을 만들어 온돌 종주국의 위상을 새롭게 정립하고, 하루 속히 온돌을 세계문화유산으로 등록하여 우리의 빛나는 문화유산을 세계에 널리 알려야 하겠다.

2 고유하고 독특한 문화, 구들

한민족의 전통문화 구들

우리의 전통문화는 우리의 글과 생활 속 의식주에 배어 있다. 우리의 글인 한글은 휴대폰 시대를 맞아 이미 그 독창성과 과학성이 세계에 입증되었고, 우리의 인쇄술은 서양의 그것보다 훨씬 앞서 있었음이 자랑스럽다. 우리의 의식주 생활문화에서 의(衣)는 한복으로 오늘날에 다시 살아나고 있으며, 식(食)은 한식의 꽃인 김치로 살아나 종주국의 면모를 굳건히 하고 있다. 그러나 유독 주(住)에서만은 한옥이 있으나 핵심인 온돌이 세계화에 동참하지 못하고 있다. 강제로 아파트와 침대를 들여와 온돌을 버리려고 했으나 난방문화의 꽃인 온돌을 이기지 못했다. 우리가 아는 바와 같이 초기 아파트와 함께 유입되어 기승을 부렸던 입식의 라디에이터도 결국에는 우리의 온돌을 당해내지 못하고 퇴출되었다. 결국 현재 우리 민족은 거의 100%가 온돌에서 생활한다. 세계 어디에도 이렇듯 줄기차게 온돌을 사용해온 민족은 없다.

온돌 혹은 구들에 대한 정의

먼저 온돌과 구들이라는 용어의 의미부터 정의해보자. '구들'은 사전적 의미로 "방바닥에 골을 내어 불을 때게 하는 장치" 또는 "고래를 켜고 구들장을 덮고 흙을 발라 방바닥을 만들고 불을 때어 덥게 한 장치" 등으로 설명되는데, 주로 우리 전통방식의 구들 고래와 구들장을 가진 직화(直火) 방식의 난방법을 의미한다고 볼 수 있다. 이와는 비슷하지만 '온돌'은 단순히 "방바닥 밑으로 불기운을 넣어 방을 덥게 하는 장치"로 실내의 바닥을 데우는 난방 방식을 통칭하는 의미로 쓰이고 있다.

'온돌(溫突)'이라는 말은 《조선왕조실록》에 처음 등장하는데, '성종 8년 때인 1447년 7월 21일'이며, 바닥에 본격적으로 종이장판을 깐 것도 이때부터인 것으로 여겨진다. 그리고 '구들'은 순 우리말로 '구운 돌' 혹은 '굴'에서 발전하여 지금까지 널리 쓰이고 있다. 그러나 온돌은 한자로 따뜻할 온(溫)과 돌출하거나 발산한다는 돌(突)을 쓰는데, '열석(熱石)'으로 쓰지 않고 온돌(溫突)로 쓰는 것은 우리 선조들이 이미 따뜻한 복사난방의 의미까지 염두에 두고 단어를 조합한 것이라고 볼 수 있다. 오래 전부터 우리 조상들은 온돌의 의미를 단순히 돌(바닥)을 뜨겁게 한다는 데 국한하지 않고 바닥 복사난방과 축열(畜熱)의 의미까지를 포함하는 용어로 정의한 것으로 여겨진다.

지금 우리가 쓰는 '온돌'과 '구들'이라는 용어는 서로 같은 의미에서 출발했기 때문에 '구들'이라는 용어는 과거 전통 온돌 방식의 난방 방법을 의미하는 것으로 정의하고, 온돌은 과거와 현재를 통틀어 바닥을 데우는 난방 방식을 통칭하는 것으로 쓰는 것이 옳다고 생각한다.

중국에서는 온돌(溫突)이라는 용어를 거의 사용하지 않고, 과거 전통 방식의 구들난방은 캉(炕) 또는 훠캉(火炕)으로 쓰며, 지금의 온수난방이나 전기를 사용한 바닥난방은 띠러(地熱) 혹은 띠놘(地煖)이라고 쓴다. 우리나라가 온돌의 종주국임을 알리고자 한다면 지금 쓰고 있는 온돌(溫突)을 지금보다 더 널리 쓰이게 함으로써 우리 온돌의 우수성을 알리는 좋은 계기로 삼아야 할 것이다.

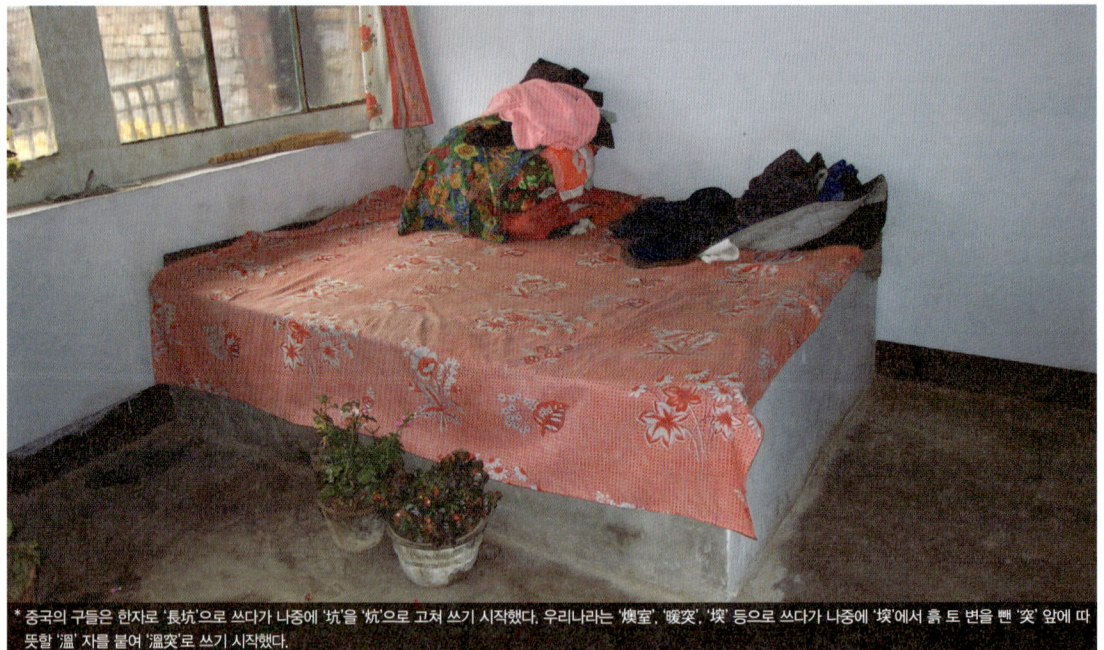

* 중국의 구들은 한자로 '長坑'으로 쓰다가 나중에 '坑'을 '炕'으로 고쳐 쓰기 시작했다. 우리나라는 '燠室', '暖突', '埃' 등으로 쓰다가 나중에 '埃'에서 흙 토 변을 뺀 '突' 앞에 따뜻할 '溫' 자를 붙여 '溫突'로 쓰기 시작했다.

중국인(漢族)들이 바라본 우리의 전통문화 구들

우리의 생활 터전이었던 만주 벌판, 과거 오랫동안 고구려와 발해가 지배한 중국 동북지역에 정착한 우리 한민족(朝鮮族)을 두고 중국인(漢族)들이 하는 말이 있다.

"你们高丽人有四大特点(너희 고려인들은 우리와는 다른 네 가지 큰 특징이 있다). 一是屋小炕大(첫째, 집은 작아도 방은 넓다). 二是锅小锅台大(둘째, 솥은 작아도 부뚜막은 넓다). 三是车小轱辘大(셋째, 우마차는 작아도 바퀴는 크다). 四是裤小裤裆大(넷째, 바지는 작아도 바짓가랑이는 넓다)."

이것은 물론 중국 사람들이 우리 동포들을 놀려주려고 하는 말이지만, 가만히 생각해보면 이 말 속에 우리 조상들의 생활 습성이 아주 정확이 묘사되어 있다.

우리 한옥들은 통구들로 방이 넓다 보니 골고루 따뜻하게 하자면 열을 바닥으로 넓게 분산시켜야 하고, 또한 솥이 작고 수가 많으니 골고루 열을 주자면 부엌에서 나가는 불목이 분산되어 두 개, 세 개 혹은 네 개까지 필요하므로 부뚜막이 넓을 수밖에 없다. 이리하여 방과 부엌으로 구성된 우리 전통 온돌방의 구조는 우리 조상들이 발명하고 대대손손 발전시켜 다른 어느 민족 어느 나라에서도 볼 수 없는 독특한 구조로 발달하였다. 전통 온돌인 구들의 구조는 중국 동북의 한족(漢族)이나 만족(滿族)의 캉(炕)은 비교도 안 될 정도로 단위 면적당 축열량과 그 이용 효과가 아주 높다.

우마차는 작아도 바퀴가 큰 것은 그때까지 우리 동포들이 몰던 소가 키와 덩치가 모두 큰 좋은 종자의 조선 소였기 때문에 수레에 달린 멍에를 소의 목에 얹자면 바퀴가 커야 했는데, 그래야 우마차의 앞뒤 균형을 맞출 수 있기 때문이다. 바지는 작아도 바짓가랑이가 넓다는 것도 정확히 묘사한 사실로, 이것은 우리 조상들이 대대로 온돌방에서 생활하였기 때문에 만들어낸 독창적인 의복 양식이라 할 수 있다. 요즈음 잠잘 때 입는 잠옷의 선배라고 해도 과분하지 않다. 만약 바짓가랑이가 좁으면 온돌방에서 앉고 서는 데 얼마나 불편하겠는가?

우리 민족 최고의 발명품인 구들

우리말에 '드러눕다'는 말이 있다. 풀어서 말하면 '들어가서 눕는다'는 의미다. 일단 들어가면 눕는(앉는) 문화이기에 그냥 눕는다고 하지 않고 '드러눕는다'고 말한 것이다. 같은 맥락에서 그냥 '일어서다'라고 하지 않고 '일어나다'라고 하는 것은 '일어서면 나간다'는 의미로 풀이할 수 있다. 과거 원시시대에 천장이 낮은 동굴에서 생활 때는 일어서면 곧 나가야 했기에 '일어나다'로 말했다고 볼 수 있다. 이렇듯 우리 민족은 일찍부터 좌식생활을 해왔기 때문에 좌식생활의 필수 요소인 온돌(구들)의 발명과 발전은 필연적이었다고 짐작할 수 있다.

우리 민족의 고유하고 독특한 문화 온돌

전통 온돌은 아랫목과 윗목이 있다. 아랫목은 윗사람과 노약자에게 양보하는 어른의 공간이다. 물론 임산부나 아픈 사람에게 제공되는 귀한 공간이기도 하다. 우리는 아랫목에서 태어나 윗목에서 뒹굴면서 자라고, 또 아기를 낳거나 고뿔에 걸려 한속이 날 때는 아랫목에서 지지고, 추운 겨울에는 온가족이 오순도순 아랫목 이불 속에서 발장난을 치며 생활했다. 아버지의 진지는 항상 아랫목 이불 속에 고이 모셔져 있었다. 이 세상을 하직하면서 아랫목을 떠났다가도 제사상이나 차례상은 다시 아랫목으로 돌아와 받는다.

서양의 난방법은 공기를 데워 따뜻함을 추구하나 온돌방은 공기를 통하지 않고 맨살에 따뜻한 온기를 접촉함으로써 쾌적함을 유지하는 방법이다. 그래서 우리 한민족은 살아있을 때나 죽은 후에나 온돌방과 떨어질 수 없는 구들장을 지고 사는 인생이다. 보건의학적으로도 임산부나 노약자가 체온을 보존하고 유지하는 가장 좋은 난방은 온돌이다. 두한족열의 근본을 지키는 것이 온돌이기 때문이다.

이와 같이 우리의 독특하고도 독창적인 문화는 불의 문화이며 온돌의 문화다. 불이 최초로 발견되었을 때 불은 이용가치가 있으면서도 무서운 존재였다. 태양을 숭배하는 것은 곧 뜨거운 불에 대한 숭배고, 태양빛으로 냉기를 극복할 수 없는 추운 겨울 인간의 생존을 가능케 하는 것은 불의 도움이 절대적이다. 그러나 이 불은 항상 연기를 대동하기 때문에 서양인들은 따뜻한 불을 원하지만 매운 연기를 감당하기 힘들었다. 뜨겁고 매운 연기는 극복할 수 없는 것으로 불을 무서워하고 피하게

했다.

서양인들은 고작해야 벽난로를 발명했지만, 우리는 이미 일찍부터 연기를 분리하는 굴뚝을 만들고 온돌 밑에 불을 지나가게 하여 결국 불을 깔고 앉고 베고 눕는 획기적인 발명을 한 것이다. 그래서 우리의 문화는 앉는 문화고 발보다는 손을 많이 사용하는 문화다. 입식생활을 하는 다른 민족에 비해 손을 많이 쓰기 때문에 우리 고유의 춤을 보면 대부분 손을 많이 사용하는 것을 볼 수 있다. 발은 앉아 있었기에 상대적으로 다른 민족의 춤에 비해 덜 사용했다.

독특한 구들 난방의 문화적 가치

지금도 중국 연변에서는 모두 온돌에서 생활하고 활동한다. 우리들의 오늘날 집도 마찬가지이다. 비록 침대와 책상, 의자가 들어왔지만, 밥 먹을 때는 역시 좌식 밥상이 편하다.

집은 온돌을 보호하고, 이 온돌은 사람을 따뜻하게 해주는 절묘한 구조로 되어있기 때문에 한옥의 가장 큰 특징은 온돌이라 할 수 있다. 여름에는 습도를 낮추어 시원하고 겨울에는 따뜻하게 해주는 이 온돌이 방바닥에 있다. 장마철의 습기는 진흙이 흡수했다가 건조하면 방출하여 방의 습도를 조절해준다. 땅에서 올라오는 습기는 구들고래가 막아주고, 겨울에는 불기운과 지열을 구들고래가 저장해둔다.

우리네 어머니들은 아이를 낳은 후에도 부뚜막 아궁이에서 불을 때는 습관 때문에 산후조리를 몇 달씩 하지 않아도 금방 회복하여 일상생활에 복귀했다. 이는 아궁이에서 불을 땔 때 장작에서 나오는 원적외선과 부뚜막 황토에서 나오는 각종 좋은 열선들이 우리네 어머니의 자궁 부위를 소독하고 회복시키는 중요한 치료제 역할을 했기 때문이다.

26/11/2010 14:45

● 구들장을 해체한 구들고래의 모습
(충북 진천 생태건축연구소)

현대 싱크대의 원조인 부뚜막 ●

선사시대부터 사용되어 온 한민족 고유의 난방 방식, 온돌

한반도는 사계절이 뚜렷한 곳이다. 그래서 더운 여름철은 시원한 마루에서 더위를 달랬고, 추운 겨울철은 따끈한 아랫목에서 추위를 이겼다. 이와 같이 한옥은 항상 겨울용으로 따뜻한 온돌과 여름용으로 시원한 마루가 공존한다. 이렇게 바닥을 따뜻하게 하는 난방 방식을 '온돌'이라 부르는데, 온돌은 불을 때는 곳인 아궁이와 불기를 보존하고 불을 이동시키는 고래, 마지막으로 남은 열기와 연기를 내보내는 굴뚝과 구새로 되어 있다.

매일 아침저녁으로 밥을 지을 때 발생하는 불기운의 나머지인 여열(餘熱)을 그대로 이용해 선 불을 눕혀 바닥을 기게 해 고래로 넣고, 이 불은 축열 성능이 탁월한 구들장을 가열하고, 구들장은 그 열을 오랫동안 저장해 밥을 하지 않고 불을 지피지 않는 시간에도 그동안에 충분히 저장한 열을 방바닥의 황토에 천천히 방열시켜 난방을 한다. 온돌은 곧 취사를 하고 남은 폐열을 이용해 난방을 하는 취사겸용의 매우 과학적인 에너지 절약형 난방 방법이다.

이런 온돌은 아주 오랜 옛날 선사시대부터 사용하던 한민족 고유의 난방 방식으로, 방 밖에서 불을 때서 방바닥을 데우는 방법이다. 일반적으로 다른 나라 사람들은 추위를 견뎌내기 위해서 방 안에 불을 때는 것이 보통이지만, 실내에서 불을 때면 방안은 따뜻하지만 자욱한 연기가 항상 문제였다. 그래서 창문을 만들거나 지붕을 뚫어서 연기를 빼내다가 나중에 고안한 것이 굴뚝이다. 그런데 이러한 벽난로형 굴뚝은 연기를 내보내는 한편 열기도 많이 빠져나가게 되고 불이 꺼지면 금방 추워지는 단점이 있다. 그런데 한민족은 이 불을 집 밖에서 때는 기술과 함께 그 열기를 가두는 고래와 개자리를 개발했는데, 그것이 바로 온돌이다.

온돌의 원리와 구조

불은 위로 올라가는 특성이 있고, 윗부분이 가장 뜨겁다. 우리 조상은 이 원리를 이용해 불과 연기를 나누고, 위로 올라가는 불을 옆으로 뉘여 기어가게 해서는 그 불을 깔고 앉아 베고 잠을 잤으니 그 놀라운 지혜에 그 누구라도 탄복하지 않을 수 없다. 그런데 이러한 불을 옆으로 기어가게 하기 위해서는 아궁이, 함실, 부넘기, 개자리(구들개자리, 고래개자리, 굴뚝개자리) 등의 복잡한 시설이 필요하다. 이러한 특수한 구조가 없으면 불은 들어가지 않고 꺼지거나 거꾸로 아궁이 밖으로 역류하여 나와 바닥을 데울 수 없다. 그러나 한국의 온돌은 열기가 멀리 골고루 전달되도록 불이 지나가는 길인 고래를 만들고, 오래 그 열기를 가지고 있도록 구들장에서 축열(蓄熱)하였다. 또한 방바닥 밑의 아직 식지 않은 열이 빨리 빠져나가지 않도록 하기 위해 여러 개자리를 통하여 열을 보관하고, 식은 연기만 굴뚝을 통해 나가게 하는 구조다. 이러한 온돌은 서양에는 일찍이 없었기 때문에 서양에서도 그냥 우리가 늘 부르듯이 '온돌(Ondol)'이라고 부른다.

아침밥을 짓기 위해 아궁이에 불을 때면 그 열기가 저녁 해 저물 때까지 유지돼

온돌은 크게 취사용과 난방용, 그리고 취사난방 겸용이 있다. 취사전용은 주로 더운 여름날 온돌에 불을 땔 필요가 없을 때 사용하던 '한데부엌'을 말한다. 보통은 취사와 난방을 겸용하는 방식으로, 취사를 하고 남는 폐열을 이용한다. 지금도 깊은 산골에 가면 아침밥을 짓기 위해 아궁이에 불을 땐다. 그러면 부뚜막의 가마솥을 데우고 남은 열기가 연기로 전달되어 방바닥 구들에 저장되고, 해가 저물 때까지 따뜻하게 방 기온을 유지시켜 준다. 그리고 산과 들에서 일을 마치고 돌아올 즈음이면 방바닥이 어느 정도 식어 있는데, 저녁밥을 짓기 위해 다시 불을 때면 그 열기는 또 새벽에 아침밥을 지을 때까지 풍성하게 축열되어 유지된다. 이와 같이 밥 짓는 열기를 이용해 취사를 해결하고, 그 폐열로 난방도 해결하는 방법은 우리 민족이 불을 쓰는 독창적인 지혜에서 비롯된 것이다.

불을 땔 때 나오는 연기는 방바닥 밑 구들을 통해 걸러져 온 집안을 소독하는 기능도 한다. 보통의 연기는 매연이지만 각종 개자리를 통과한 연기는 그야말로 최고의 고성능 집진설비를 통과한 고소한 연기다. 보통의 전통가옥은 흙과 나무로 지어지기 때문에 집에 사람이 살지 않으면 금방 허물어진다. 또 전통 목조 황토방은 사람에게 더없이 좋은 만큼 벌레와 짐승들이 살기에도 안성맞춤이다. 그래서 사람이 살지 않는 집은 각종 벌레와 짐승이 들어와 살면서 금방 허물어지게 된다. 하지만 온돌에 불을 때면 개미나 쥐 등이 방바닥으로 들어오지 못한다. 또한 연기가 집을 보호하여 부식을 막고 개미 같은 벌레의 침입을 막아준다. 굴뚝 주변에는 거미줄이 없는데, 이는 연기로 인해 각종 벌레들이 접근하지 못하기 때문이다. 거미도 먹고 살아야 하는데 벌레가 꼬이지 않는 굴뚝 근처에 구태여 거미줄을 칠 이유가 없을 것이다.

서양의 벽난로는 직화 복사열과 공기의 대류 현상을 이용하기 때문에 불이 탈 때는 따뜻하지만 불이 꺼지면 금방 추워지는 일시적인 난방 방식이다. 반면에 우리의 구들은 불을 땔 때는 천천히 뜨거워지지만, 불을 때는 동안의 에너지를 저장했다가 천천히 방열하는, 이른바 '축열(蓄熱) 원리'를 이용한 중앙공급식 현장설치형의 지속적인 난방 방식이다. 요즈음 흔히 쓰는 화목(火木) 보일러는 전통온돌에 비해 나무가 서너 배는 더 들어간다. 왜냐하면 보일러와 보일러실을 데우는 데 에너지의 대부분을 소모하고, 또한 굴뚝으로 대부분의 열기가 나가기 때문이다. 그리고 집진설비를 하지 않으면 온 집과 마당이 그을음투성이가 되고 공기가 오염된다.

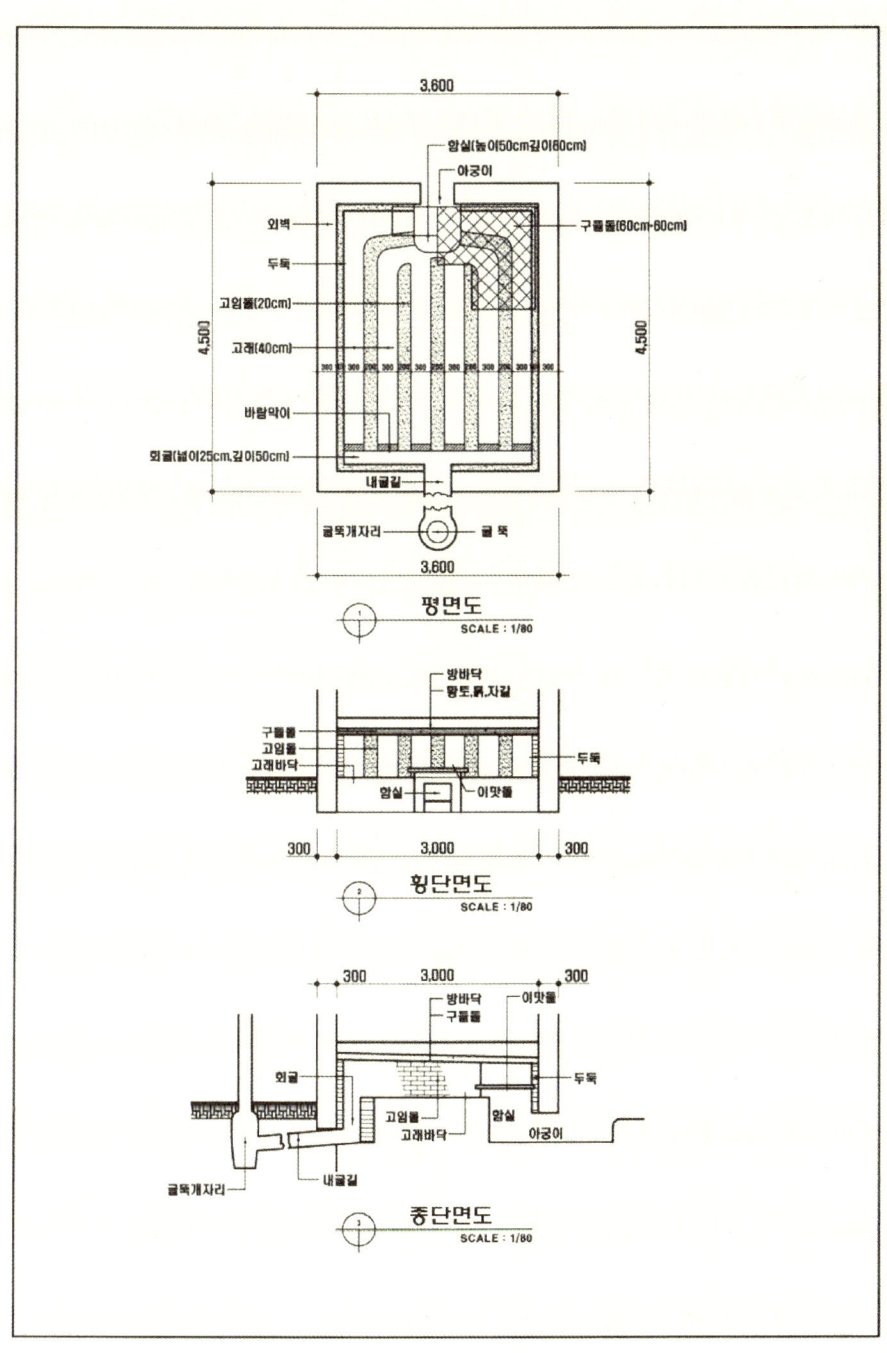

난방전용 함실구들 평면, 단면도

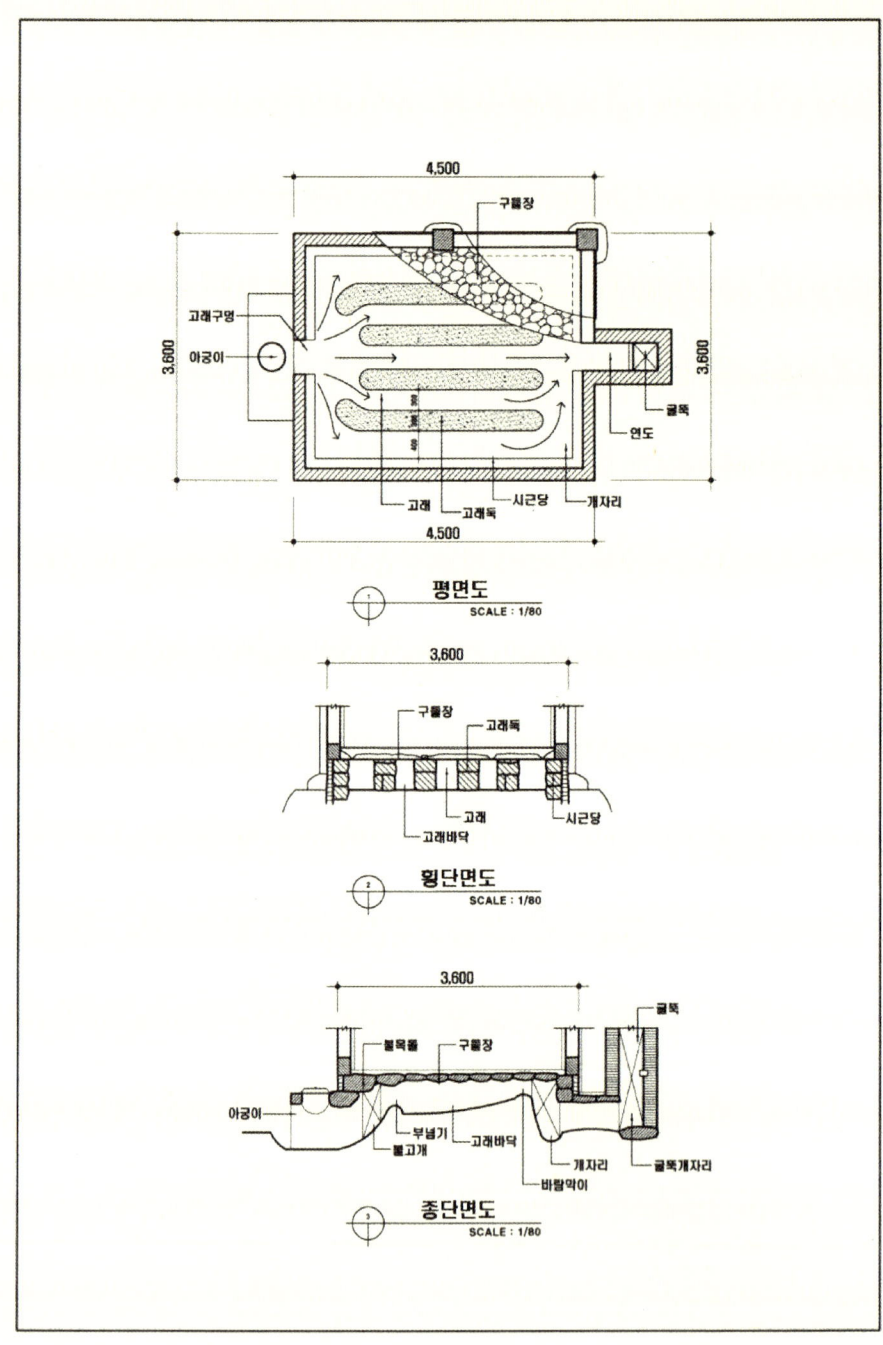

평면도
SCALE : 1/80

횡단면도
SCALE : 1/80

종단면도
SCALE : 1/80

30

지금 흔히 사용하는 아파트나 주택의 온수바닥 난방 방식이 바로 이러한 전통온돌(구들)의 원리를 이용한 것이다. 우리의 어머니들이 아궁이에서 불을 때며 밥을 하던 시절, 황토 찜질방이 따로 없던 그 시절에 '따뜻한' 황토구들 아랫목은 최상의 찜질방이자 산후조리원이었다고 할 수 있다. 바로 최근 임산부들이 병원에서 받는 온열치료요법이다.

대류, 전도, 복사의 '열전달 3요소'를 모두 갖춘 과학적 난방 방법

이러한 온돌은 한민족이면 누구나 쓰는 방법으로, 아궁이에 열을 가하면 방바닥 아래의 공간인 고래를 따라 불이 이동하면서 방바닥에 열에너지를 가두어 축열(蓄熱)하고, 이 가두어진 열기가 서서히 식으면서 방안을 따뜻하게 한다. 열전달의 3요소는 복사(輻射)와 전도(傳導), 대류(對流)인데, 우리 온돌은 이 모든 요소를 갖춘 과학적으로도 매우 뛰어난 방법이다.

또한 땅의 습기를 적당히 받아가며 열을 방열하므로 방바닥은 따뜻하고, 방바닥과 벽체 그리고 지붕에 있는 황토로 인하여 실내온도와 습도가 적당히 유지된다. 또한 구새^{주)}와 굴뚝 사이에는 굴뚝개자리가 있어 차가운 외부의 바람이 구들 안쪽으로 들어오는 것을 막아 주어 더욱 따뜻함을 오래 유지한다. 그리고 아궁이, 아궁이 후렁이, 솥자리가 합해진 곳이 부뚜막인데, 밥도 짓고 설거지도 할 수 있으며, 이곳에 다리를 덜거나 서로 연결하는 판을 올려놓으면 현재의 싱크대와 같은 편리한 기능도 할 수 있다. 현대적인 싱크대는 독일에서 처음 개발했는데, 이 부뚜막에서 힌트를 얻어 제작했다는 기록이 있다.

주) 구새는 구들에서 최종적으로 연기를 배출하는 곳을 말한다. 흔히 '굴뚝'이라고 잘못 부르고 있는데, 굴뚝은 고래개자리에서 구새에 이르는 수평으로 지나가는 뚝으로, 연도를 의미한다.

목조 한옥을 보호하는 온돌의 기능

한옥은 목조주택으로, 목조는 각종 벌레와 해충에는 취약하다. 그런데 온돌은 목조로 된 집이 썩는 것을 방지하고 해충의 침입도 막아내어 우리가 안전하고 쾌적하게 살 수 있도록 도왔을 뿐 아니라 우리 한옥이 발전하는 데에도 크게 기여했다. 나무는 불에 약하기 때문에 불과 함께 사용한다는 것은 대단히 어려운 발상이다. 전통한옥은 집이 온돌을 보호하고, 온돌은 나무집을 보호하고 사람을 따뜻하게 해주는 절묘한 구조로 되어있다는 특징이 있다.

구들에 몸을 뉘었을 때 받는 그 따뜻한 쾌감은 다른 난방에서는 맛보기 어렵다. 서양의 난방은 바닥이 아니라 천장을 따뜻하게 하는 난방인데, 사람의 몸은 항상 차가운 바닥에 있으므로 추위를 피하기 위해서는 의자나 침대 등 땅으로부터 떨어져 위치하게 된다. 벽난로나 난로 등은 사람이 앞뒤로 돌지 않는 한 인체의 한쪽만을 데우게 된다. 불은 위가 가장 뜨거운데, 벽난로는 그리 뜨겁지 않은 불의 옆을 사용하고, 대부분의 열기를 굴뚝으로 배출하여 낭비하는 형국이 된다. 온돌은 서양식 공기난방이 아니고 접촉난방이다.

요를 깔고 이불을 덮고 누우면 구들의 열은 요에 축열되고, 이 열이 혈액순환이 불량한 등, 허리, 다리 등 몸의 많은 부분에 직접 닿아 따뜻하게 해준다. 비록 방안의 공기가 차갑다 하더라도 이불은 좋은 보온재가 되어

연기가
나가는 모습

구들에서 나는 열을 모아서 바닥에 닿지 않는 가슴, 배, 무릎, 발 등 몸의 대부분을 따뜻하게 한다. 그래서 불을 한번 때면 방바닥에 저장된 열기가 이불 속에서 천천히 발산되어 불이 꺼진 후 자는 동안에도 충분히 열기를 공급하므로 혈액순환을 원활하게 해준다. 그래서 요는 작고 이불은 충분히 덮을 수 있을 만큼 큰 것이다.

가장 과학적이고 위생적인 난방인 온돌은 환자 치료에도 이용

불을 잘 다루어 하늘로 올라가는 불을 구들장 속에 가두고 고래 속으로 기어 들어가게 하는 온돌은 결국 우리 민족이 올라가는 불을 밟고 서고 뜨거운 열기를 깔고 앉아서 생활하는 문화를 만들어냈다.

온돌로 인해 실내에서 신을 벗고 생활할 수 있게 되었고, 실내외 생활을 구별함으로써 청결한 생활을 유지할 수 있다. 또 아궁이에서 구새(굴뚝)까지 불(열)이 빠져나가지 못하게 하는 구들 구조로 인해 열이 오랫동안 구들에 머물러 불을 넣지 않는 시간에도 늘 따뜻하다. 아울러 축열과 방열이 인체의 하부에서 이루어져 체온을 유지시키는 가장 과학적이며 위생적인 난방을 한다. 이런 두한족열(頭寒足熱)과 수승화강(水升火降)이 가장 이상적인 체온 상태로, 추운 곳에 있다가 방에 들어와 손과 발을 아랫목 이불 속에 넣었을 때의 그 따뜻한 쾌감은 말할 수 없이 좋다. 한방병원에서도 이런 상태를 가장 좋은 것으로 여겨 환자 치료에 이용하고 있다.

온돌의 과학은 서양보다 1000년 이상 앞선 발명

궁궐이나 집의 구들을 살펴보면 참으로 놀라운 과학적 발명품들을 발견하게 된

아자방이 있는 칠불사 전경 ●

다. 고도의 물리학과 유체역학을 알지 못하고는 도저히 알 수 없는 형태의 구들을 우리 조상은 이미 수천 년 전에 발명하여 사용했던 것이다. 한번 불을 때면 100일 동안 온기를 지속했다는 우리 조상의 작품인 아자방(亞字房)을 우리는 다시 재현할 수 없는 것일까? 우리는 이제 온고지신(溫故知新)의 의미를 새로이 새길 시점에 왔다.

긴급하게 해야 할 일들

- 세계문화유산으로 등록
- 온돌 시공 매뉴얼 제작(전통구들과 현대 온돌, 전기난방 포함)
- 전통건축학교에서 구들, 온돌, 바닥난방 관련 학과 설치
- 전통 난방의 무조건적인 수용 주의–화강암 구들장으로 인한 폐암 발생의 문제
- 연료·열원·난방 방법의 다양화–화목 조달의 문제
- 구들과 보일러 온수배관 겸용 시공법의 다양화 토착화
- 면역력 증강과 생태환경 보호, 지속가능한 건축과 난방으로서의 구들 홍보
- 옥내용, 옥외용, 용도별 비주거용 등 다양한 구들 상품 개발
- 온돌의 무형문화재 선정
- 온돌과 건강의 상관관계
- 전통온돌 기능인력 양성–현장 상황에 따른 다양한 시공인력 양성

아자방 구들 속 이맛돌(함실장) ● ● 하동 칠불사 아자방 구들 속 측면 고래

- 김치, 한글 등과 같이 문화유산으로서의 대언론 국민 홍보

- 정기적인 세미나 실시 및 체험교육

- 경복궁 등 문화유산의 관광자원화—경복궁에 불대기

- 유적 발굴, 복원, 재생, 현대화

시공 부문별 문제

아궁이

- 표준 아궁이 매뉴얼화

- 아궁이 불문의 규격 문제

- 청소구의 문제

- 아궁이, 솥걸이 주물 모듈화

- 솥걸이 모듈화

- 솥의 문제

- 표준 화실(정지간)

- 아궁이 재료의 문제
- 시멘트 사용의 문제

고래와 구들

- 표준 고래 매뉴얼
- 고래와 구들장의 규격 문제
- 개자리와 회굴 문제
- 아랫목, 이맛돌부의 주물 모듈화
- 방 면적 대비 불목과 바람막이의 크기 규격화
- 구들장의 문제−방사능 노출 문제, 라돈·화강석 구들의 조달과 환경 문제, 외국산 구들의 이용, 구들장 수입업체 제휴
- 방바닥 미장 모르타르의 표준화
- 방바닥 시멘트 재료의 문제
- 구들방의 인테리어

굴뚝

- 표준 굴뚝의 매뉴얼화
- 굴뚝부의 기본 규격 문제
- 재수거의 문제
- 굴뚝개자리 모듈화
- 굴뚝과 댐퍼의 모듈화
- 굴뚝의 문제−굴뚝의 재료, 굴뚝의 단열·방수·발수, 설치법

온돌의 세계화와 전통 계승에 대한 대안

- 구들학과 개설
- 구들 싱크탱크 인재풀 구성
- 구들 포털사이트 개설
- 대국민 구들교육
- 대체난방으로서의 구들
- 정부 정책자금 및 연구 과제 수주
- 유료 동영상 강의
- 웹상의 구들 관련 자료 평가 및 교정
- 전통온돌기술자 제도 설립
- 문화재보수기능사로 '온돌공' 지정

온돌분야 산업

- 침대형 온돌, 옥침대, 흙침대
- 온돌형 난로·의자·벽걸이
- 이동식 구들 찜질방
- 구들 요람
- 차량용 온돌
- 구들 방갈로
- 온돌카페, 상업시설, 커피숍
- 온돌 만들기 체험하기

- 온수난방용 물집배관 아궁이
- 아자고래(방)의 시공
- 온돌전시장, 온돌박물관 건립 등이 있다.

온돌, 그 찬란한 구들문화의 세계화를 위한 10가지 제안

가장 전통적인 우리 것이 가장 세계적인 것이고, 가장 우리다운 것이 가장 세계에 내놓기 좋은 것이다. 온돌, 그 찬란한 구들문화를 계승·발전시키기 위한 우리의 노력이 시급하다.

먼저 우리 민족문화의 근본이고 원천인 온돌, 민족의 역사와 더불어 깊고 넓게 이어온 이 온돌을 다시 찾자. 우리가 어물어물하는 사이 독일과 미국을 비롯한 서방 선진국은 신에너지 개발은 물론 에너지 저장·절약기술 분야에서 개발 경쟁이 치열하다. 또한 온돌을 전혀 모르던 이웃나라 일본과 중국도 온돌 원리를 이용한 바닥난방 기술을 경쟁적으로 개발하고 있다. 독일과 일본의 기업은 개발한 기술을 제품화하여 국제시장을 독점하려 하고 있다. 빛나는 민족문화유산인 우리 온돌의 세계화를 위해 10가지를 제안한다.

1. 하루 속히 온돌전시장과 온돌박물관을 만들자

우리의 민족박물관에 그리고 국립중앙박물관에 한옥의 정수인 온돌을 만들어 전시하자. 우리의 주거문화의 꽃인 온돌박물관이 없다는 것은 우리의 수치이자 우리 선조들에게 엄청난 누를 끼치는 배은망덕한 처사다. 이제부터라도 이미 발굴된, 그리고 다행하게도 아직 발굴되지 않은 수많은 온돌 유적을 새로운 시각으로 발굴하고 재현하고 보존하자.

2. 온돌문화가 가장 많이 남아있는 수많은 사찰과 궁궐을 관광자원으로 활용하자

우리의 경복궁은 현존하는 최대의 온돌 보고다. 베르사이유 궁전에 이런 과학적인 난방이 있는가? 자금성에 이러한 총체적인 난방이 있는가? 추우면 동물을 껴안고 살거나 더운 곳으로 이주하여 사는 것이 최대의 방편이던 시절, 우리 한민족은 이미 정착하여 온돌문화를 꽃피우고 살아왔다. 자, 이제 관광객을 위하여 궁궐에 시범으로 불을 때자. 100미터 밖 굴뚝에서 연기가 나가게 하자. 서양인들에게는 이 광경이 기적같이 신기한 광경이다.

3. 하루 속히 온돌 기술을 세계문화유산으로 등록하자

불은 인류 문명 최대의 발견이다. 그러나 온돌은 인류가 혹한의 조건에서도 생존할 수 있게 만든 최대의 발명이라 할 수 있다. 이 온돌이 유네스코 세계문화유산이 되는 것은 당연한 일이다. 찬란한 온돌문화를 인류의 유산으로 등록하여 보존·보호하는 것이 바람직하다. 더 나아가 우리의 온돌을 현대화하고 바닥난방 분야 국제표준이 될 수 있는 기술을 개발함으로써 선진국이 선점한 세계 바닥난방 시장에서 우리 온돌의 입지를 공고히 하고, 빼앗긴 온돌문화를 세계로 수출하는 일을 서둘러야 한다.

4. 우리가 직접 온돌의 우수성을 증명하자

단순히 온도만을 높이는 라디에이터 방식과 공기조화 방식이 우리의 온돌과 보건의학적으로 전혀 다름을 증명해야 한다. 그리고 전통적인 온돌이 주거 양식으로 지속하고 있음을 세계만방에 알려야 하나. 비록 연료(나무-석탄-석유-가스-전기 등)가 변화하고, 바닥을 불로 직접 가열하는 전통적인 직화 방식에서 물이나 전기를 이용한 간접가열 방식으로 바뀌어도 온돌은 온돌이다. 장판지가 갈대에서 짚 그리고 비닐, 나무마루로 변해도 바닥을 따뜻하게 하는 원천은 온돌임을 알리고 계속 계승·발전시켜야 한다. 바닥 접촉난방 방식이 공기조화 방식이나 라디에이터 방식과는 근본적으로 차별화되어 있음을 알려야 한다.

5. 온돌 관련 산업을 육성·발전시키자

온돌에서 가장 공사비와 재료비가 비싼 부분은 마루 공사다. 독일과 일본에 빼앗긴 온돌마루시장을 빼앗아오자. 그리고 세계 최고 PVC계열 재료인 일명 XL파이프와 소형보일러를 생산하는 회사들은 온돌문화를 지탱하는 힘이다. 이들이 계속 기술을 개발하고 발전시킬 수 있도록 지원하여 온돌문화 지킴이로 육성하자. 획기적인 이중바닥 구조로 층간소음을 억제하고 초절전 박판형 전기발열판 등을 개발하는 차세대 온돌기술을 계속 육성하고 지원하자. 빛나는 문화유산인 전통온돌을 발굴하고 보존하는 일만큼이나 현대적이고 미래지향적인 재료나 기술 개발이 전통온돌을 현대화하고 세계화하는 밑바탕임을 잊어서는 안 된다.

6. 온돌 장인을 중요 무형문화재로 지정하자

한국의 건축법에 따르면 온돌을 놓는 사람은 벽과 바닥을 바르는 '미장공'으로 분류된다. 웃지 못할 현실이다. 사라져가는 온돌 장인들을 발굴하고 그 기술을 보존하기 위하여 얼마 남지 않은 온돌 장인들에 대한 보호와 기술의 전수가 선행되어야 한다. 이제 온돌 장인들은 고령으로 전통의 맥이 끊어질 위기에 놓여있다. 하루 속히 이들을 무형문화재로 모셔야 한다.

7. 온돌 인증제도를 도입하자

우리나라에서는 거의 100%가 온돌을 사용한다. 전통 온돌인 구들과 지금 널리 쓰고 있는 온수 온돌과 차세대 온돌인 전기를 이용한 시즈히터를 이용한 겹구들 온돌, 그리고 박판 발열필름형 온돌 등 각종 온돌에 대한 통합적인 인증제도를 도입하여 선조들이 우리에게 물려준 온돌 종주국의 위상을 확립하자.

8. 온돌 종주국인 우리가 국제적인 표준화작업(ISO)에 앞장서자

최근 들어 유럽을 중심으로 온돌표준화 작업이 이루어지고 있다. 탈화하고 접촉난방이 특징인 우리의 전통 온돌과는 달리 단지 열역학적인 측면에서 서구가 중심으로 이루어지고 있는 국제표준화 작업에 우리 한국이 중심이 되어야 한다. 그렇지 않으면 우리 독자적으로라도 보건의학적 측면에서 접근한 우리 온돌의 국제적인 표준화 작업이 시급하다. 이대로 어영부영하는 사이 온돌이 서구인들 것으로 둔갑하는 것을 볼지도 모를 일이다.

9. 관계 부처의 협력체계를 갖추자

전통 온돌의 발굴과 보존은 문화재청이 맡아야 하고, 온돌의 보건의학적 성능의 발굴과 개발은 보건복지부가 담당해야 한다. 현대적 온돌의 시공과 각종 관련법의 제정은 건교부가 담당하고, 온돌의 국제화와 산업화를 위하고 난방을 위한 에너지 성능개선과 제품개발은 산자부가 담당해야 한다. 그리고 온돌의 전통성과 역사성을 교육하기 위해서는 국토해양부가 나서야 한다. 온돌은 종합예술이자 전통과학이고, 당면한 에너지 문제의 핵심이다. 이 온돌의 보존과 발전을 위해 관계 부처가 협력하고 힘을 모야야 한다.

10. 국제온돌학회에 관심과 지지를 보내자

이러한 맥락에서 2001년 국제온돌학회가 창립되었다. 그러나 아직은 아쉽게도 영어권 사이트에서 온돌을 검색하면 거의 중국학자들의 글이다. 더욱 서글픈 현실은 이 글들 모두가 중국이 온돌의 종주국임을 말하고 있다는 것이다. 국제온돌학회의 존재 이유가 바로 여기에 있다. 학회는 이미 온돌 용어를 국제화해 영역(英譯)하는 일을 시작했다. 온돌은 '溫突'이고 'Ondol'이다. 고래는 'Gorae'고 개자리는 'Gaezari'다. 더욱이 온돌은 'Kang(炕)'이 아니고 '溫坱'이 아니다. 구들은 'Gudle'이지 로마 목욕탕의 'Hypocaust'는 더욱 아니다.

이제 우리는 우리의 전통문화 중 온돌이 한민족 주거 양식인 한옥의 꽃임을 선포했다. 현대인이 그렇게도 원하는 웰빙(참살이)은 온돌로부터 시작된다. 서양에서 최근에 외치고 있는 환경친화적이고 생태환경적인, 그리고 지속가능한 발전은 바로 온돌난방의 기본 요소다. 이제 우리 모두 힘을 합하여 온돌의 발상지가 한반도고 그 종주국이 대한민국임을 세계만방에 선언하자. 국제온돌학회를 통하여 이러한 일을 이루기 위해 힘을 합해야 할 때다.

3 구들(온돌)방의 기본 원리

황토방

경제가 어려웠던 시절의 난방은 단순히 추위를 이기기 위한 방편이었다. 하지만 경제발전으로 기본적인 의식주 문제가 해결된 지금의 난방은 추위를 이기기 위한 방편임과 동시에 내 몸을 더 건강하게 하거나 건강을 회복하는 수단으로도 활용된다. 황토방 같은 건강주택을 찾는 이유다.

황토방이란, 돌 구들장을 놓고 황토 흙 자체로 바닥이나 벽을 만들어 황토의 성분을 느끼면서 자연토의 미생물 효과와 황토 속의 원적외선을 받음으로써, 황토의 효능을 충분히 누릴 수 있는 웰빙(참살이)형 방을 말한다. 시멘트 독에서 해방되어 호흡기에 지장을 주지 않을 뿐만 아니라 황토에서 나오는 원적외선은 공간을 쾌적하게 만들어주는 역할을 하므로 많은 사람들이 황토방을 찾는 것이다.

많은 이들이 황토방과 함께 건강한 삶을 누리며 편안한 여생을 보내려고 하지만, 현시점에서 보면 황토방을 제대로 다루는 사람이 그다지 많지 않을 뿐 아니라 그 기술이나 지식에도 한계가 있다. 그렇다 보니 황토방이 아닌 단순 구들방을 만들기도 하고, 황토방이라는 본래의 취지를 벗어나 시멘트 방을 만들어버리는 모습을 볼 수 있다.

구들방은 아궁이에 불을 지펴 그 불로 돌을 달구고, 달궈진 돌의 열기가 전도, 복사, 대류를 통해 주거 공간을 따뜻하게 하는 난방 방식이다. 구들방의 구조를 보면 아궁이(함실), 고래, 고래뚝, 고래개자리, 연도, 굴뚝개자리, 굴뚝(구새)으로 구성되며, 모두가 각자의 위치에서 그 역할을 하고 있다.

그런데 구들방을 구성하는 각 요소들이 제 기능을 발휘하려면 함실(아궁이)의 넓이와 깊이, 이맛돌의 높이, 불목과 고래의 분배(나누기), 고래턱의 높이, 고래개자리의 구조, 연도의 규격과 위치, 굴뚝개자리의 위치와 크기를 잘 조절해야 하고 굴뚝의 지름과 높이도 잘 맞추어야 된다. 누구나 구들을 놓는다고 하지만 구들장을 덮어 불만 때면 된다고 생각해선 안 되며, 방의 크기와 아궁이의 위치와 크기, 굴뚝의 위치와 크기를 정하고 적은 연료로 많은 열효율을 볼 수 있는 방법과 사용 목적에 맞는 만족함이 연출되어야 한다.

연료는 자체의 온도를 측정할 수 없기 때문에 종류와 양을 조절함으로써 난방시간과 연료량을 시간 데이터로 파악해야 한다.

제대로 된 구들방이라면 첫째, 불이 잘 들어가야 하고 둘째, 방이 따뜻해야 하고 셋째, 연료는 가급적 적게 들어야 하고 넷째, 방이 빨리 따뜻해져야 하고 다섯째, 방이 골고루 따뜻해야 하며 여섯째, 열이 오래가야 한다. 이런 구들방이라야 잘 놓은 구들방이라 할 수 있다. 이런 구들방을 놓는 방법은 다음과 같다.

첫째, 불이 잘 들어가게 하려면

함실은 낮아야 하고, 고래개자리와 굴뚝개자리는 깊어야 하며, 습기가 차지 않아야 한다.

둘째, 방을 따뜻하게 하려면

마른 연료를 사용해야 하며, 내부 습기가 없어야 하고, 보온이 잘 되어야 한다.

셋째, 연료가 적게 들어가게 하려면

방바닥 두께를 줄이고 연소가 잘 되는 나무를 때며, 완전히 연소될 수 있도록 불문과 굴뚝을 막을 수 있어야 하고, 내부 습기를 차단해야 한다.

넷째, 방이 빨리 따뜻해지게 하려면

방 크기에 맞추어 바닥의 두께를 조절해야 한다.

다섯째, 방이 골고루 따뜻하게 하려면

열 분배가 잘 되도록 유도를 잘 해야 된다.

여섯째, 열이 오래 가게 하려면

보온력이 있는 부토층과 자갈을 잘 채워야 하고, 고래개자리가 깊고 함실 윗부분을 2~3층으로 하여 충분히 축열할 수 있도록 해야 한다. 마지막으로 축적된 열이 아궁이와 굴뚝으로 새어나오지 않도록 해야 한다.

습(물)은 구들방에 있어서는 안 될 물질이기 때문에, 1차적으로 습이 차지 않도록 하는 것이 가장 중요하다.

4 구들(온돌)과 추억

'구들(온돌)방'이라 하면 구세대를 살아온 사람은 누구나 고향의 향수가 먼저 생각날 것이다. 구들과의 추억은 초등학교 유년시절 부모님이 시골에 3칸 작은 황토집을 지으면서 부터다. 당시에는 대부분 생활이 어려운 관계로 될 수 있는 한 돈 적게 들이고 빨리 지을 수 있는 방식으로 집을 지었다. 벽체는 토담 식으로, 하부 기초 쪽 벽 두께는 400mm 정도로 하고 상부는 300mm 정도 되게 하였으며, 벽체의 높이는 바닥에서 2400mm 정도로 흙 1단과 돌 1단을 교차하면서 쌓았다. 전체적으로 'ㄷ'자 형태로 3면을 쌓고 전면 한 면에만 출입구와 툇마루가 있는 전형적인 일자형 구조의 흙집이었다.(사진1, 사진2)

사진1

방문이 앞에 있는 방 두 칸에 부엌(정지)을 포함하여 세 칸을 지으면서 취사와 난방을 겸하는 구들방을 만들었다. 방이 두 칸이었지만 연료(땔감)가 귀한 시절이라 아궁이를 두 곳에 만들지 못하고 한 아궁이에 두방구들(내고래라 함)을 시

사진2

공하였다. 고래는 일자고래로 만들었는데, 땔감이 귀해 마음 놓고 때지 못했고, 취사를 위주로 하다 보니 부모님들이 주무시는 아랫목만 따뜻할 뿐 다른 곳은 찬 기운만 면하는 미지근한 정도로 기억된다. 아주 추운 겨울밤이면 밥을 지으면서 땐불만으로는 충분한 온기를 느끼지 못하여 별도의 군불을 아궁이 깊숙이 넣어 추운 밤을 지새우기도 하였다. 그 당시에는 방안에 둔 그릇의 물이 얼거나 걸레가 동태가 되는 등 기온도 지금보다 훨씬 추웠던 것으로 기억되지만, 추위가 아무리 매서워도 한 이불 속에서 가족의 온기를 서로 느끼며 감기를 모르고 살았다.

옛날 시골의 정겨움은 음식에서도 엿볼 수 있다. 화학조미료로 범벅이 된 인스턴트 요리를 먹는 것이 아니고, 자연 발효된 구수한 된장이나 청국장을 끓여 온가족이 둘러 앉아 먹었다. 겨울 시작 무렵 김장을 담글 때, 온가족이 동참하여 빨간 김치를 버무리며 양념이 듬뿍 묻은 김치를 입에 넣어주는 풍경들과 아궁이에 불을 때

고 난 후 불기가 남은 재 밑에 고구마나 감자를 넣어서 구워먹던 풍경들은 그 시대를 살아본 사람들만이 추억으로 간직하고 있지 않을까 생각한다.

또 모두가 가난했던 그 시절 보릿고개에는 굴뚝에 연기가 나는 집을 찾아가 밥을 얻어먹는 사람들도 있었으며, 시계가 없던 시절이지만 하루 종일 들에서 일을 하다가 해질 무렵 마을로 들어오면서 굴뚝에 연기가 피어오르는 것을 보고 저녁때가 된 사실을 알 수 있었다. 이러한 모습들이 모두 우리의 전통 구들과 그 굴뚝에서 피어나던 정겨운 모습이었다. 그러나 경제 개발에 따른 산업화로 직장을 따라 고향을 떠나게 되면서 가족과 친지로부터 멀어지게 되고 고향에 대한 애틋한 정이 갈수록 줄어드는 요즈음 그 옛날에 대한 추억이나 향수도 기억에서 점점 멀어져가는 것이 아닐까 생각한다.

하지만 산업화의 부작용과 건강에 대한 새로운 인식에 따라 웰빙이 문화의 한 자리를 잡아감으로써 건강주택에 대한 관심이 고조되어 황토집이나 전원주택이 다시 각광을 받게 되었다. 이제 새로이 그 정겨웠던 굴뚝들을 하나 둘씩 다시 볼 수 있게 되어 여간 다행이 아니다.

한편, 우리 생활에 보일러가 도입되면서 중산층에서부터 온수를 이용한 온수온돌이 확산되기 시작하였다. 단순한 연탄보일러를 시작으로 기계보일러의 개발로 가정 난방은 새로운 국면을 맞게 되었는데, 특히 기름보일러, 가스보일러, 전기보일러 등으로 발전하면서 획기적인 발전을 거듭하게 된다.

그러나 문명의 발전과 문화의 혜택도 환경 문제에 부딪치면서 무엇보다 환경과 건강을 최우선순위에 두게 되었고, 그로 인해 주택도 새로운 유행을 맞이하게 되었다. 즉 콘크리트 일색의 주택에서 다시 우리 전통한옥을 선호하게 되었고, 그 한옥에 맞는 구조체를 나무와 흙으로 만들다 보니 난방 방식 역시 우리의 5000년 역사와 함께 했던 전통구들(온돌)을 다시 찾게 된 것이다. 구들은 단순히 난방 방식의 하나라기보다는 흙과 더불어 친환경 소재로 건강에 직접적인 도움을 주는 웰빙문화의 하나라 할 수 있기에 다시 옛것을 찾으려고 노력하는 것이다.

옛 선조들의 생활을 보면, 하루 종일 농사일을 한 후 황토와 돌(구들장)로 만들어진 황토방에서 하루의 고단함을 풀었는데, 이렇게 황토방에서 숙면을 취하고 나면 피곤하고 나른했던 몸이 개운하게 풀렸다. 이런 모습을 지켜봐온 우리가 전통온돌을 다시 선호하게 된 것은 어찌 보면 당연한 일이라고 할 수 있다.

이렇게 구들 온돌방을 다시 찾으면서 단독주택에 사는 경우 방 한 칸이라도 황토방으로 바꾸려는 가정이 하나 둘 늘어나고 있지만 공간과 시공 여건의 어려움으로 망설이는 경우가 많다. 여건이 허락되어 시공을 한다 하더라도 전문 기술자의 부족으로 제대로 된 시공자를 만나기가 쉽지 않다. 이런 이유로 유사한 경력을 갖춘 시공자들이 필자를 찾아와 자문을 받는 사례가 많아지고 있으며, 구들 시공을 배우고

요즘 구들장은 화산석(현무암)을 켜서 사용하여 여간 편리한 것이 아니다. ●

자 하는 분들도 늘어나고 있다. 이에 필자는 국제온돌학회와 나무와 흙 연구원에도 구들 기술의 전수를 위한 교육의 장을 항시 열어 놓고 있다.

한편, 2000년도에 접어들어 찜질방이 생활 주변에 뿌리를 내리며 천연황토방과 황토찜질방들이 확산되면서 우리의 전통온돌인 구들방이 새롭게 각광을 받고 있다. 구들과 황토방이 다시 유행을 타기 시작했으나 그동안 체계적인 교육이나 전수가 이루어지지 않았고, 제대로 된 매뉴얼도 없이 시공자의 재량으로 시공이 이루어지다 보니 이해할 수 없는 시공법들이 범람하게 되었다.

예를 들면, 황토방을 만들고 싶어 시공을 부탁하였는데, 시공자의 이해 부족으로 (구들장만 놓으면 황토방인 줄 착각하고) 구들을 깔고는 흙을 바르지 않고 시멘트와 황토를 섞어 바르는가 하면, 간혹 시멘트로만 바르는 광경도 볼 수가 있다. 시공 의뢰인은 시멘트에서 탈피하여 흙 속에 함유된 우리 몸에 좋은 유익한 효소의 효능을 보려는 마음으로 황토방을 만들려는 것인데, 시공자는 그런 마음을 전혀 헤아리지 않고 구들방에 대한 이해도 없이 본인이 알고 있는 방법으로 시공을 하는 것이다.

황토 구들방은 40도 이상일 때 원적외선을 발생시켜 우리 몸에 좋은 효소들을 공급한다고 한다. 시멘트 방에 열을 가해 보면 마르는 과정에서 독한 시멘트 냄새가 올라온다. 잘못 시공하게 되면 안 하는 것만 못한 구들방이 될 수도 있다. 구들을 이용한 황토방을 만든다면 편리함과 사용자의 요구를 충족시킬 수 있는 기능성 황토방을 만들어야 할 것이다.

● 시멘트로 시공한 구들방에 열을 가하면 독한 시멘트 독이 올라온다.

5 구들방 시공과 연탄구들, 온수보일러의 등장

이 책을 같이 쓴 문 선생은 어린 시절에 집 짓는 모습을 많이 보아서 그런지 성장하면서 건축에 관심을 두었고, 결국 집짓는 일을 직업으로 선택하게 되었다. 기능공으로 할 수 있는 일은 닥치는 대로 하다 보니 목공, 조적, 미장, 구들, 전기, 설비 등 각 분야를 다양하게 접하였다. 게다가 단순 기능으로 만족하지 않고 건축가(건축업자)의 길을 택하기 위해 주경야독을 하면서 실기와 이론을 병행한 끝에 현장수업을 최대한 짧게 마치고 26세에 건축업자의 길에 오르게 되었다.

수많은 건축공사를 도급받아 공사감독으로 시공을 하면서도 구들(온돌)만은 다른 사람에게 맡기지 않고 손수 시공을 해왔다. 처음에는 방바닥을 덮고 불만 때면 따뜻할 것이란 막연한 생각으로 구들장을 놓았다. 어린 시절 고래를 아궁이 반대쪽으로 깊게 파던 모습을 본 것이 구들 놓는 방법의 전부인 줄 알고 시공을 하였던 것이다. 그러다 보니 많은 시행착오를 겪게 되었고, 무엇 때문에 불이 잘 안 들어가며, 왜 방이 따뜻하지 않은지 원인도 찾지 못하고 무작정 시공을 했던 것이다. 지금에 와서 생각하면 구들의 원리도 모르면서 그저 남이 하는 방법만 보고 무모하게 시공한 셈이다.

1970년대로 접어들어 전국적으로 땔감이 부족해지고 화석연료가 확산되면서 나무 때던 아궁이를 연탄 때는 아궁이로 개조하게 되고, 이에 따라 구들장 자재도 연탄아궁이의 화력에 맞는 화강석과 철평석(슬레이트 판석) 등 얇은 돌을 사용하게 되었다.

연탄구들 시공도 화덕을 레일식으로 집어넣고 꺼내는 방법이 있고, 시멘트 관을 이용한 유도식이 있다. 유도식은 아궁이에서 생산되는 열을 직경 100mm 관을 통하여 방 중앙까지 유도하고 직경 50mm 가지 관을 나뭇가지 모양으로 펼쳐 열이 최대한으로 구들장에 전도되도록 하는 방식이다. 본선 관과 가지 관 상부에는 300~500mm 간격으로 열이 올라올 수 있도록 10~20mm 크기의 구멍을 뚫고, 구들장은 얇은 돌로 최대한 낮게 시공하였다. 특히 그 당시에는 건강은 그다지 고려하지 않고 따뜻함만 생각하다 보니 작업이 쉬운 시멘트로 바닥 마감을 하였고, 황토 마감은 생각 밖의 일이었다.

1978~1980년도 경에는 바닥에 호스를 깔고 물을 데워 순환하는 간접 난방인(일명 엑셀파이프 방식) 온수보일러가 대한민국의 난방 방식을 통째로 바꾸어 놓았다. 또한 이 시점부터 기름보일러가 도입되면서 중산층부터 점차적으로 연탄 온수보일러를 대체하게 되었다.

온수보일러
(경동보일러 나비엔)

온수난방(엑셀파이프 방식)

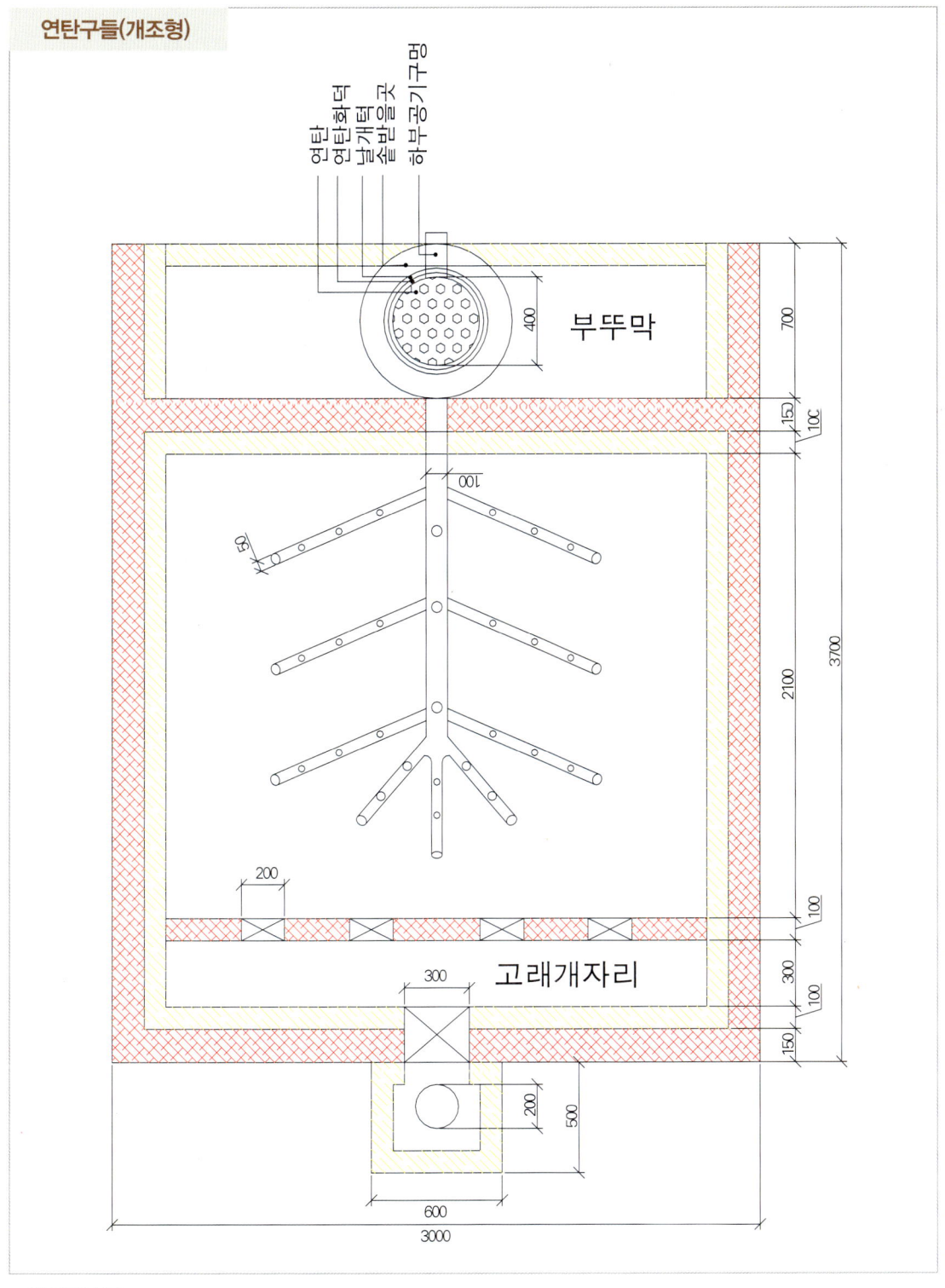

연탄구들(개조형)

연탄
연탄화덕
날개받을곳
숯받을곳
하부공기구멍

부뚜막

400

700

150
100

100

50

3700

2100

200

고래개자리

100

300
100

300

150

200

500

600

3000

● 가지관형 도면

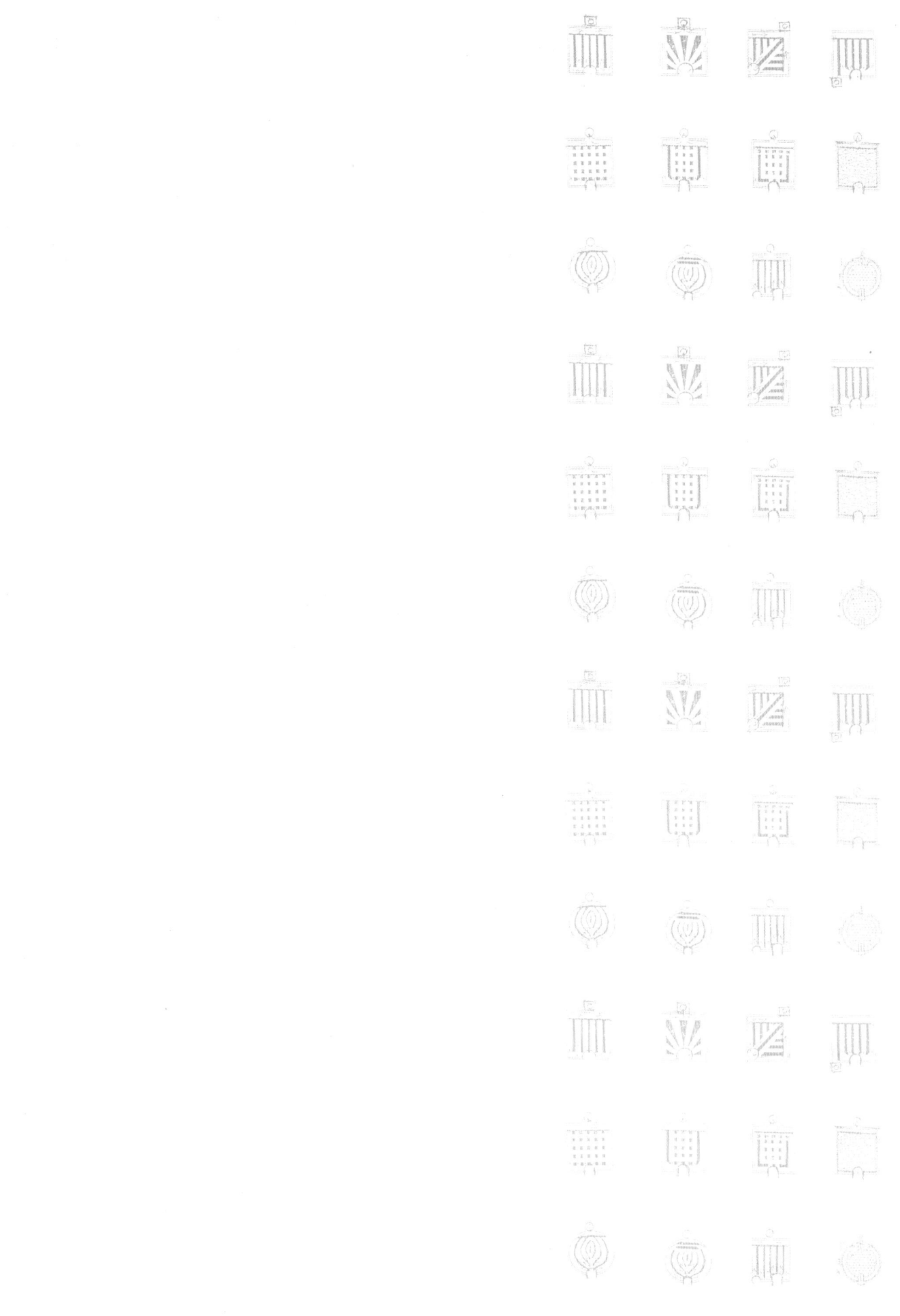

전통구들과
현대구들의
의미

II

1 전수되어야 할 전통

　우리 역사만큼이나 문화도 변하면서 그 시대의 장인들에 의해 각 분야의 전통을 유지하면서도 현대라는 새로운 용어를 사용하고 있다. 하지만 어느 시기까지가 '전통'이고 언제부터를 '현대'라고 구분해야 하는지 애매모호한 상태에서 우리는 쉽게 또 다른 표현으로 옛날과 지금이라는 표현을 하기도 한다. 구들(온돌)은 우리나라 고유의 난방 방식이며, 과학적이고 예술적일 뿐 아니라 기능 면에서도 여러 가지 장점이 있다고 생각한다.

　전통은 변하지 않는 것이 아니고 변하는 것이다. 단지 전통은 익숙한 만큼 편리하여 잘 이어져 내려온 것이라고 할 수 있다. 불편해도 참아야 하는 것은 전통이 아니다. 그런 면에서 전통구들은 익숙한 만큼 편리하고 건강에 좋기 때문에 지금까지 오래 지속되고 있다고 보는 편이 훨씬 타당하다.

　지혜로운 이의 옛말에 "등 굽은 소나무가 선산을 지킨다."는 말이 있다. 좋은 나무는 재목으로 모두 잘려 나가니 쓸모없는 나무가 선산을 지킬 수밖에 없다는 뜻일 게다. 예부터 지키고 보존하는 사람들은 가난하여 생업을 바꾸지 못한 까닭으로 그들에 의해 맥이 이어져온 것처럼 말이다. 하지만 지금은 상황이 반전되어 등 굽은 소나무와 장인이 인정받고 보호받는 시대가 되었다. 그렇다면 세월이 흐른 뒤에는 현재 우리가 새로운 방법으로 무엇을 개발하여 사용하는 것에 또다시 전통이란 용어를 붙이지 않을까 생각해 본다.

방법은 같으면서 단지 세월에 의해 명칭만 다르게 바뀐다고 한다면, 결국은 같은 표현과 내용이 될 수도 있다. 예를 들어 우리의 한옥을 보면, 전통한옥과 현대한옥을 구분하는 기준으로 현대한옥은 평면이 넓으면서 구조체(뼈대) 자체가 간단하고, 전통한옥은 복잡한 짜맞춤으로 구조가 복잡하면서 평면은 넓지 않고 비용이 많이 드는 것을 들 수 있다. 따라서 최근에는 현대한옥을 오히려 선호하고 있다.

구들에서도 큰 맥은 같으면서 시대의 변화에 따라 자재나 시공자, 지방의 특성에 따라 시공하는 방법이 조금씩 변화된 것을 볼 수가 있는데, 과연 단순히 오래 된 방식이라고 전통이라는 표현을 할 수 있는지 의문이다. 아무튼 전통적이든 현대적이든 용어를 떠나서 우리의 목적에 맞게 누구나 쉽게 활용할 수 있는 방법만 전수된다면 훨씬 세월이 지난 뒤에는 전통이 될 수 있지 않을까 생각한다.

구들(온돌) 시공에서 중요한 것은 적은 열량으로 원하는 시간에 방을 데우고, 골고루 따뜻하면서 시공 자재의 기능성까지 발휘할 수 있어야 한다는 것이다. 열이 오래 지속될 수 있다면 그보다 더 좋은 과학적인 방법은 없으리라고 생각한다.

구들을 다루는 사람이라면 누구나 장인의 정신으로 구들이 우리 역사 속에 새롭게 남을 수 있도록 연구하여 누구나 쉽게 이용할 수 있고 편리하면서도 그 기능을 최대한 살릴 수 있는 과학적인 기술과 시공방법을 전수하는 데 진력해야 할 것이다. 그것이 바로 구들 장인들의 몫이 아닐까 생각한다.

구들을 '잘 놓는다'는 말은 불이 잘 들어가고 방이 골고루 따뜻하도록 시공하는 것을 말한다. 구들의 '구' 자도 모르는 사람이 난생 처음 구들을 놓았는데 우연히 불이 잘 들어가는 경우가 있다. 이때 앞에서 말한 온돌 시공 시 중요한 사항 중 몇 가지를 만족했는지 하나하나 따져봐야겠지만, 이 일로 인해 소문이 나고 여기저기서 의뢰를 받아 시공하다 보면 어떤 집은 불이 잘 들어가고 어떤 집은 잘 안 들어가는 기이한 현상으로 고민하게 된다. 곧 구들을 잘 놓기 위해서는 불을 다루는 방법, 물을 다루는 방법, 바람을 다루는 방법, 자재 선택, 연료 선택, 응용방법(기술력), 사용방법 등을 조화롭게 연출하여야 한다.

2 구들 시공의 7대 요소와 구들 켜는 방법

구들의 7대 요소는 불, 물, 바람, 연료, 재료, 시공자(기술자), 사용자다. 이 요소들은 제각기 자기 일에 소임을 다하고 있지만 총괄 진두지휘하는 재실자의 생각과 손길에 따라 행복과 불행이 교차되는 결과를 가져오는 것이 현실이다.

구들의 원리 : 온돌나라 구들성(城) 이야기

먼저, 독자들의 이해를 돕기 위해 구들의 원리를 불과 물(습), 바람의 전투에 비유해 이야기 식으로 전개함을 밝힌다.

구들은 기술을 이어온 장인마다 표현 방법이 제각기 달라, 사람의 내장계로 표현하기도 하고 음양오행으로 표현하기도 한다. 필자는 장수가 구들과 아궁(宮)을 찾고 지키는 전투에 비유하고 싶다. 불은 아군이고 물(습)은 적군이다. 구들을 놓고자 하는 목적을 생각하며 이야기를 감상하면 이해가 빠를 것이다.

재실사는 장수로서 적군인 물(습)을 내쫓기 위해 재료 · 연료 · 바람 · 불 등으로 연합군을 결성하여 함께 물(습)의 진지로 쳐들어간다. 희생양인 성냥군을 앞세우고

쳐들어가는데, 막강한 적군(습)을 처단하는 전투에서 연료군은 바람군이 움직일 수 있는 에너지의 32배나 되는 에너지를 희생당하면서도 불군이 아궁(宮, 함실)을 점거할 수 있도록 지원한 결과, 불군이 정예 열(熱)군을 각 고지마다 침투시켜 숨어 있는 습(물)군을 격퇴한 후 굴뚝고지 정상에 연기 깃발로 구들성의 세력을 보여준다는 것이 이야기의 줄거리다.

그러면 재실자(장수)가 어떻게 하여 구들성을 정예군인 열군과 함께 진지를 순찰하면서 구들성을 지키는지 알아본다. 성을 점령하는 것도 중요하지만 지키는 것 또한 중요하다. 우선 구들 통로 속의 모든 고지는 기강을 확립하여 맡은 임무에 충실해야 한다. 성문인 부뚜막의 불문은 잘 고정되어 어떠한 충격에도 빠지거나 부서지지 않도록 견고하게 설치해야 한다. 솥은 불군과 최정예 열군의 진입을 막지 않도록 밑 부분이 성문 위턱보다 내려오지 않아야 한다. 함실은 연병장으로, 모든 연합군의

● 현대온돌은 구들 둑을 붉은 벽돌로 만든다.

집결과 진행을 충분히 소화할 수 있어야 한다. 이맛돌은 벽을 보호하는 장수로, 불군과 정예군이 화기를 생산하여 진군할 때 파괴되지 않도록 튼튼하게 보강해야 된다. 불목 성곽과 성루는 궁을 지키는 대들보기 때문에 성의 안전을 위해 열에도 강해야 하고, 이중으로 쌓아 궁을 안전하게 지킴과 동시에 두텁게 감싸 열량을 비축하여 오랜 시간 유지할 수 있어야 하며, 어떠한 열에도 견디며 터지지 않아야 한다.

불목은 정예군이 빠르게 진행할 수 있도록 병목현상을 만들지 말아야 하며, 열군과 정예군이 함께 아궁(宮)을 빠져나가면서 고래성을 지날 때 부딪치게 되는 중심부의 강한 열을 붙들고 보호하기 위해 외부 성벽보다 두껍게 자갈층을 깔아 에너지를 저장할 수 있어야 한다. 고래뚝은 구들장을 잘 받치고 있어야 하고, 외부 성 쪽은 언제든 습군이 쳐들어올 수 있기 때문에 열군과 정예군을 많이 배치하여 취약한 부분을 구석구석 빠짐없이 순찰해야 한다.

처음에 열군은 진격 도중 세력이 강한 습군을 처단하기 위해 바람군보다 32배나 더 연료군을 희생시켜야 되지만, 일단 주둔하게 되면 최소의 회생으로 아궁을 지킬 수 있다. 또한 열군은 희생당한 연료군 대신에 습(물)군의 패잔병들을 자극하고, 이때 습군의 패잔병들은 열을 받아 마지막 발악을 하면서 2배의 열을 품고 도망가게 된다. 고래를 통해 도망치던 습군은 가지고 있던 무기 중 큰 것(물)은 바닥에 떨어뜨리고 작은 것(습)은 수증기로 기화시켜 연기와 함께 굴뚝으로 빠져 나가게 된다. 습군이 고래를 빠져 나가면서 열군을 인질로 끌고 가는 것을 막기 위해서는 고래턱문을 굴뚝 문의 2배 정도만 남기고 막아 주는 것이 좋다.

한편 고래는 바람군의 지원을 받아 열군이 잘 통과하도록 길을 터줘야 하며, 고래뚝은 너무 많은 열을 빼앗지 말고 배당받은 열을 잘 지켜 천천히 발산하도록 해야 한다. 구들장은 불길이 지날 때 상부에 전달할 수 있을 정도의 열을 듬뿍 받아 방바닥에 잘 전달해주고, 그 열을 오래 가지고 있도록 해야 한다. 구들장 자체의 저장 능력이 부족하면 자갈층을 깔아 저장하도록 한다.

고래개자리는 고래턱을 빠져나오는 온기가 있는지 철저히 검문하여 고래개자리에 머물게 하고, 연도를 굴뚝보다 1.3~1.5배(300x300) 정도 크게 하고 최대한 낮게 하면서 적은 열이라도 굴뚝으로 나가지 못하게 지켜야 한다. 또한 연도는 굴뚝 쪽으로 낮게 하여 고래개자리에 남아 있는 열은 놔두고 연기와 습을 굴뚝으로 흐르게 해야 하며, 굴뚝개자리는 나머지 예열을 지키며 굴뚝으로 쳐내려오는 적군인 역풍을 잡아 외부로 쫓아내야 한다. 굴뚝은 연기를 잘 배출하면서 빗물이 들어오지 못하도록 갓을 쓰고 지킨다면 최고의 장수라고 할 수 있다. 불이 열을 생산하여 구들성의 모든 진지를 바람과 함께 굴뚝까지 순찰하며 구들(온돌)성을 지켜내는 것이다.

이 이야기는 불군, 물군, 바람군들이 잡고 잡히는 힘겨운 전투에서 장수(시공자, 기술자)의 임무가 얼마나 중요한지를 말해주고 있다. 구들성(城)을 찾는 것도 중요하지만 그 성을 지키는 것 또한 중요하기 때문에 잠시도 방심해서는 안 될 일이다.

흔히 구들 시공을 잘못하여 불이 들어가지 않거나 열이 발생하지 않고 연기만 나거나 금방 불이 꺼지는 등의 황당한 경우를 겪게 되는데, 이 모든 것이 구들전투의 원리를 잘 이해하지 못한 결과라 하겠다.

학창시절에 이야기를 잘하시는 선생님 한 분이 피난시절 북한에서 남한으로 내려오는 길 안내자에 대한 얘기를 해주셨는데, 안내자마다 등급이 있어 당시 화폐로 100환부터 200환, 300환, 500환까지 수고비를 주면 제각기 그 수준에 준하는 정보와 경험으로 남한까지 길안내를 해준 사례가 있었다고 한다. 즉 500환 정도 수준의 안내자는 안전하고 단시간에 넘어오는 좋은 길을 안내해주고, 100환 정도 수준의 안내자는 초보자라서 힘든 코스로 안내하기도 하였다고 하는데, 최소한 300환 이상의 안내자를 만나야 지뢰나 적군의 감시를 피할 수 있는 길을 안내받을 수 있었다고 한다.

구들 이야기로 돌아와, 고래는 열을 목적지로 안내하는 이동 통로로, 인도자의 능력에 따라 수많은 방법으로 인도할 수 있지만, 인도를 잘하는 방법은 불기운이 죽지 않고 멀리까지 이동하는 것이다. 하지만 인도자의 인도 능력(기술력)이 부족하면 많은 열을 배당받았다 하더라도 암초나 심한 미로를 만나 그 수명이 단명으로 끝나고 만다. 뿐만 아니라 고래는 방 크기에 따라 고속도로, 지방도로, 일방통행, 비포장, 골목길 등 도로를 만들듯 지나는 데 장애물이 있어야 될 곳과 없어야 될 곳을 구분하여 열이 이동하는 데 지장을 받지 않도록 해야 한다. 그것이 인도자의 몫이다.

인도자는 열이 고래개자리까지 무사히 통과하도록 적군인 습(물)을 잠재우고 바람군의 도움을 받아 목적지까지 도달하도록 해야 한다. 그러기 위해서 고래에는 굴곡과 불필요한 요철이 많지 않아야 하고, 습 역시 많지 않아야 할 것이다. 한편 열은 발생하는 만큼 바닥에 공급되지만 이 열을 저장하고 소화할 수 있는 장치가 잘 갖춰져야 한다. 따라서 장수는 구조에 맞도록 각각의 진지에 임무와 역할을 정확히 분담시켜야 한다.

무리하게 바람군을 지원하게 되면 열을 너무 빨리 유도하게 되어 굴뚝 밖으로 빨려 나가기 때문에, 고래턱 넘어 방 안 성벽을 지키는 장수는 습기와 연기, 바람을 검문하여 열기는 못 가져 나가도록 상부를 잘 지켜야 한다. 그러기 위해서는 성문을 최대한 막아 작은 열이라도 놓치지 않아야 한다. 행여 몰래 숨어 나갈 수 있는 탈영병들을 연도 초병에게 잘 지키게 하여 고래개자리에 가두어야만 오랫동안 방이 따뜻하게 유지될 것이다.

불 다루는 법

'불' 하면 뜨겁다는 생각부터 떠오른다. 불에는 물체를 태우는 직접적인 불과 전기나 빛 같은 간접적인 불이 있다. 불은 촛불부터 모닥불, 올림픽 성화, 축제의 하이라이트 불꽃놀이 등등까지 잘만 다루면 우리 생활에 없어서는 안 될 아주 중요한 에너지이자 상징이지만, 잘못 다루면 산불처럼 무시무시한 괴물로 변신한다.

● 불을 가두는 것은 돌이 아니고 흙이다.

이런 불은 우리의 취사와 난방에 활용된다. 원시인들은 고기를 익혀 먹을 줄 몰라 처음에는 생식을 하다가 산불에 탄 고기를 먹어보니 맛이 있어 그 후부터 불로 익혀 먹었을 것이다. 이것이 취사에 불을 사용한 기원이 될 것이다. 난방 측면에서 보자면 단순히 모닥불을 쬐는 수준에서 발전하여 구들이란 돌을 방바닥에 깔고 그 밑으로 불을 통과시켜 그 열로 추위를 이겨낸 것이 우리 생활에 편리한 온돌난방의 시작일 것이다. 이렇게 사용되어온 불은 정말 없어서는 안 될 유익한 것이 아닌가 싶다.

구들은 시공자의 능력(기술)에 따라 전도와 복사, 대류라는 과학적인 원리를 이용하여 필요한 시간에 적당히 조절함으로써 공간을 따뜻하게 사용할 수 있는 방식이다. 이때 불은 연료에 따라 약한 불과 강한 불로 나누어지고, 기능자의 머리와 손길에 따라 불길이 단숨에 멀리 갈 수도 있고 짧게 갈 수도 있다.

함실에서 생산된 불은 고래를 통과하면서 고임돌이나 구들장으로부터 장애를 받지 않는 한 멀리까지 진행할 수 있다. 불의 원리는 촛불의 원리와 같다. 촛불을 관찰해보면 처음에는 작게 시작하였다가 불꽃이 커지면서 크게 번지고 약해지면 다시 모이는 현상을 볼 수 있다. 작은 불씨가 불꽃이 되고 이것이 불길을 따라 진행하면서 고임돌과 구들장에 열을 주는데, 약해지면 흩어졌던 불꽃들이 다시 모여들면서 열을 남기고는 꺼져버린다. 이후 열은 팽창하면서 전도와 복사, 대류 현상을 통해 공간에 남게 된다. 여기서 습의 양에 따라 열의 진행 거리나 전도와 복사의 양상이 달라진다. 또한 열은 구들돌과 고임돌, 또 습기에 빼앗기고 나면 더 이상 진행할 수 없게 되면서 머물게 된다. 여기까지 진행하는 데는 바람이 없으면 불가능하다.

물(습) 다루는 법

물은 불보다 더 무서운 괴물이다. 불은 재라는 흔적이라도 남기지만 물은 흔적도 없이 싹 쓸어 가버리며, 또한 물은 같은 온도에서 공기보다 32배의 열량을 빼앗아 간다고 한다. 물은 습(濕)이다. 지반에서 올라올 수도 있고 연료에서 발생할 수도 있다. 또한 물은 불을 죽이고, 자재와 공간을 부식시키고, 벌레나 곰팡이를 생육케 함으로 우리 생활에 많은 장애를 주는 것이 사실이다.

불은 물을 제일 싫어한다. 하지만 물은 불과 적일 수도 있고 때론 동지일 수도 있다. 구들장 밑에 습이나 물이 차지 않게 하려면 먼저 기초공사 시 지반을 지면보다 올리거나 방수처리를 하는 등 조치를 취하는 것이 좋다. 그렇지 못할 시 인위적으로 습을 제거하는 방법을 취해야 된다.

비록 불은 물을 싫어하지만 동지가 될 때는 손잡고 더욱 강한 열을 뿜기도 한다. 우리가 냄비에 물을 붓고 불을 지피면 열을 받아 펄펄 끓게 된다. 이 원리를 볼 때 함실 안 고래와 고래개자리 바닥에 있던 습은 열이 발생하면 납작 엎드려 있다가 계속 열이 발생되면 견디다 못해 상승하게 된다. 이때 열을 받은 습기는 두 배로 팽창하게 되고 물방울이 되면서 밖으로 쫓겨나게 된다. 덜 마른 나무는 습을 내뿜으면서 잘 타지 않고 연기만 발생시킨다. 굴뚝에서 나는 연기에는 습으로 인한 수증

● 물은 불과 상극이고, 흙은 불을 가둔다.

● 구새는 북쪽으로 갈수록 높아진다.

기도 상당량 포함되어 있다.

습은 지형적으로 낮은 지역에서 많이 발생하며, 함실 안이나 구들 밑, 고래뚝, 고래개자리, 굴뚝개자리에 많이 발생하고, 연료에 따라 발생하기도 한다. 마른 연료는 연기를 많이 발생시키지 않는다.

방안에 습이 많으면 함실 안이 눅눅하여 불을 지필 때 잘 붙지 않고 꺼져 버린다. 이럴 때 내부 습을 제거한 다음 불을 지피게 되면 불길이 살고 불에 힘이 생긴다. 가능한 한 젖은 나무나 생나무보다 마른 나무를 때는 것이 열효율이 좋다.

함실아궁이에서 발생한 열에 의해 연기가 밀려나가면서 그을음이 발생하는데, 고래 속을 지날 때 연기가 습을 만나게 되면 그을음에 습이 뭉쳐 고래뚝이나 구들장 밑바닥에 달라붙게 된다. 이것이 세월이 가면서 동굴 속 석회수가 종류석이 되는 것처럼 그을음 종유석을 만들어 고래를 막히게 한다. 그래서 젖은 나무를 때면 고래의 수명이 오래가지 못한다.

바람 다루는 법

바람은 불이 이동하고 정착하는 데 없어서는 안 되는, 불기를 가져다 나르는 수레다. 바람이 없으면 불이 멀리 갈 수도 없을 뿐 아니라 습을 이기는 힘을 가질 수도 없다. 보통 구들의 기본 원리 중에 아궁이 위치를 잡을 때는 바람이 시작하는 곳에 잡도록 하라는 말이 있다. 불을 많이 때는 계절을 생각하면서 지형과 바람의 방향에 맞게 시공하는 것이 바람직하다.

바람에도 자연풍과 강제로 생산한 인공풍이 있다. 바람을 잘 이용하면 불을 다루는 데 상당히 유리하나 잘못 이용하면 애써 데워 놓은 열기를 몰아내는 적군이 될수도 있으므로, 연료가 다 탈 때쯤 최소한의 산소만 유입케 하고 문단속을 하는 게 중요하다. 불에게 바람이나 산소가 없으면 밀폐 공간에 불을 지피는 것이나 다를 바 없다. 남은 산소가 소진되면 불은 바로 꺼져 버린다.

바람이 시작하는 곳에는 바람에 밀려 열이 멀리 가게 된다. 불은 부엌에 문이 있을 때와 없을 때에도 차이가 난다. 너무 센 바람은 불이 싫어한다. 불과 열은 아지랑이처럼 돌며 들어간다. 바람이 강하면 자기 페이스를 잃고 끌려가게 되는 것이다. 바람이 없다면 멀리 밀고 가지 못하고 입구에서 열이 맴돌아 아랫목만 타는 경우가 될 것이다. 자연풍이나 인공풍을 지혜롭게 잘 이용하여 적은 연료로 짧은 시간에 효과를 볼 수 있도록 조절하는 것이 중요하다.

재료(구들 사재)의 선택

구들로 쓸 수 있는 돌의 종류로는 현무암, 화강암, 편마암, 운모석 등이 있으며, 휨 강도는 30~60kg/㎠, 비중은 0.78~1.37, 흡수율은 1.2 정도가 좋다. 또한 자연스럽게 결이 일어나는 돌이 강하여 구들로는 좋으나, 지금은 산이나 강에서 찾아보기 힘들뿐 아니라 광산들도 매몰되고 환경이 훼손되어 좋은 돌을 구하기가 쉽지 않다. 활석을 한 돌 중에 주변에서 쉽게 구할 수 있는 적합한 돌을 구들돌로 선택하는 것이 지혜로운 방법이라고 생각한다. 구들돌로는 열에 오래 견디고 작업성도 좋은 현무암(화산석)이 가장 적합하다.

현무암(화산석)에는 규격

현무암 구들장

편마암(오석구들)

내화벽돌

적벽돌

재와 자연석이 있으며, 가공 과정에 따라 약간의 가격 차이는 있지만 규격재가 작업성이 좋아 시공 시간을 단축할 수 있다. 일반적으로 구들의 두께는 50㎜ 이상이 좋다. 고임돌로는 내화벽돌과 적벽돌, 자연석, 기와장 등을 사용할 수 있으나 종류에 따라 가격차가 많이 나고 작업성에도 많은 차이가 나기 때문에 현장 여건에 맞는 자재를 선택하는 것이 좋다.

돌을 선택하되 아랫목과 함실 위쪽은 길이가 길고 넓어야 건너갈 수 있기 때문에 길이를 잘 선택하고, 열에도 견디는 화산석(현무암)이나 내화물 등으로 시공해야 수명이 길고 나중에 불필요한 번거로움을 피할 수 있다. 불을 제일 많이 받는 아랫목 돌은 가능한 한 겹구들(이중구들)로 해서 최소 반경 사방 1m 정도로 시공하는 것이 지혜라고 할 수 있다.

아궁이 함실 내에서 발생하는 열은 연료에 따라 400~500도까지 올라간다. 내화벽돌이나 내화물은 일반적으로 1600도까지 견딜 수 있는 소재를 많이 쓰며, 현무암 또한 고열에 견디는 소재로 불목돌로 적당한 돌이라고 생각하면 된다. 고임돌은 내화벽돌이나 적벽돌이 적당하며, 자연석도 무방하기는 하나 크기가 일정하지 않아 작업에는 다소 무리가 있다고 보아야 할 것이다.

시공자(온돌 놓기의 기본)

시공자는 모든 재료와 방법을 동원해 상황 변화에 잘 대처하고 원하는 시공이 되도록 최선을 다해야 한다. 무슨 일이든지 정성이 빠지면 시작을 안 한 것만 못한 것처럼 정성 또한 중요하다. 바닥을 다지고, 고임돌을 놓고, 사춤을 하고, 공간을 메우고, 시작부터 마무리까지 각 공정에 정성을 다해야 부실공사를 막을 수 있고 하자에서 탈출하는 지혜를 얻을 수 있다. 아무리 좋은 자재와 정성을 다한 시공이 되었다 하더라도 기술을 응용하는 지혜가 없다면 시공 후 만족스런 결과를 기대할 수 없으며, 결국에는 시공을 후회하고 막대한 손실까지 초래할 수 있음을 명심해야 한다.

이러한 문제를 미연에 방지하기 위해서는 전문가의 조언이나 기능자의 사전준비가 필요하다. 시공자는 생산된 불기운을 고래와 구들장에 골고루 분배해야 하는데, 고래가 길고 거리가 멀면 열을 많이 분배하고 가까우면 적게 분배해야 한다. 그러기 위해서는 불목(부너미, 부넹기, 부넘기)을 배치하면서 크기를 잘 조절해야 한다.

제대로 시공하여 불의 유도와 분배가 잘된 방은 윗목부터 따뜻해 온다. 방바닥의 두께 차이를 감안해 시공하여 시간차를 두고 전도되면서 따뜻해지는 방은 시공이 잘된 방이다. 불을 땐 후 아랫목을 만져보는 것은 옛날 방법으로, 윗목이 따뜻해지고 1시간 후면 아랫목도 따뜻해지기 때문에 불 때기를 중단해야 한다. 아랫목을 만져보고 차다고 불을 더 넣게 되면 그날 밤은 방바닥이 너무 뜨거워서 정상적인 잠을 못 이루게 된다. 열은 직화로 인한 전도에 의해 진행하다가 이후 복사, 대류 순으로 진행한다.

연료

연료는 불을 일으켜 열과 에너지를 생산하기 때문에 화력이 좋은 연료를 사용해야 건강에도 좋고, 적은 양으로 높은 효율을 올릴 수 있다. 화력이 좋은 연료로는 참나무, 소나무, 기타 마른 나무가 있으며, 가정 쓰레기나 비닐류, 본드나 안료가 묻은 나무, 젖은 나무 등 독성을 뿜는 연료는 피하는 것이 좋다. 썩은 나무는 화력도 없으면서 메케한 냄새가 난다.

구들에는 참나무 장작이 가장 좋다 ●

연료가 연소되고 남은 재는 농사에 아주 좋은 거름으로, 인분에 섞어 두면 냄새를 중화시키는 작용을 한다. 재에는 무한한 생명력이 있어서 인분에 빠진 가축을 재에 묻어두면 습기와 독소가 빠져 회생시킬 수 있다.

관리자

　기술자(시공자)가 최대한 기술을 발휘하여 시공하였지만 사용자가 제대로 관리를 못하게 되면 경제적인 손실과 시간적인 손실로 인하여 시공자와 관리자 사이의 관계가 불편하게 될 수도 있다. 잘 만들어진 아궁이일지라도 사용자가 잘못 사용하게 되면 구들 속 내장계통에 문제가 빨리 올 수 있으므로, 하절기에도 주1회 정도 약한 불이라도 피워주어야 방바닥에 습기가 올라오지 않는다.

　첫불을 땔 때는 처음부터 많이 때면 안 되고 온돌이 적응할 수 있도록 점차적으로 연료의 양을 늘려나가야 된다. 젖은 나무, 생나무, 합판, 비닐 등은 사용을 피해야 고래가 막히고 독성이 올라오는 것을 막을 수 있다. 아궁이의 '궁'을 신선하고 깨끗하게 관리하고 사용해야 '궁'도 나에게 쾌적함과 건강을 선사해줄 것이다.

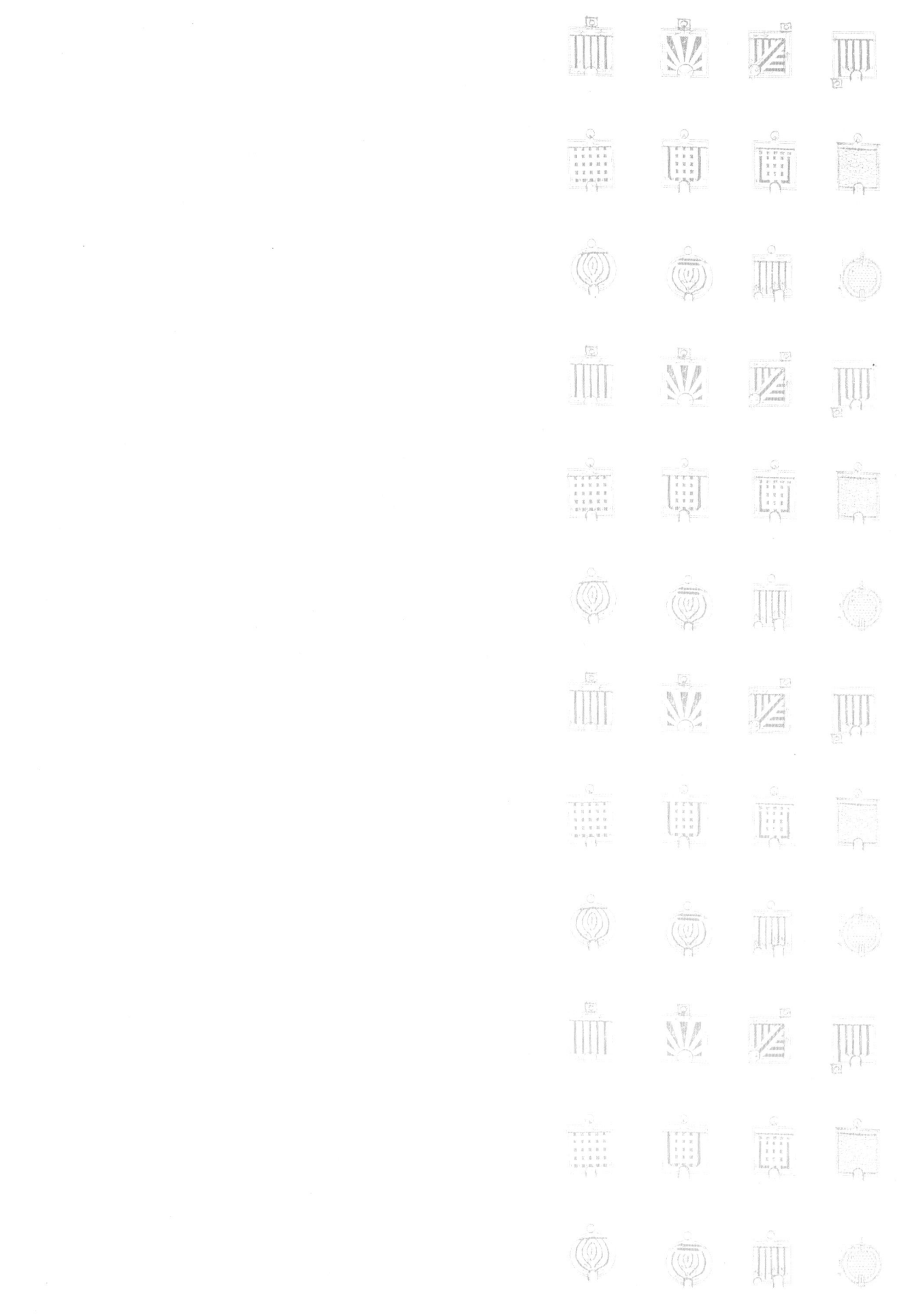

구들에 대한 이해 III

1 구들(온돌)방 용어

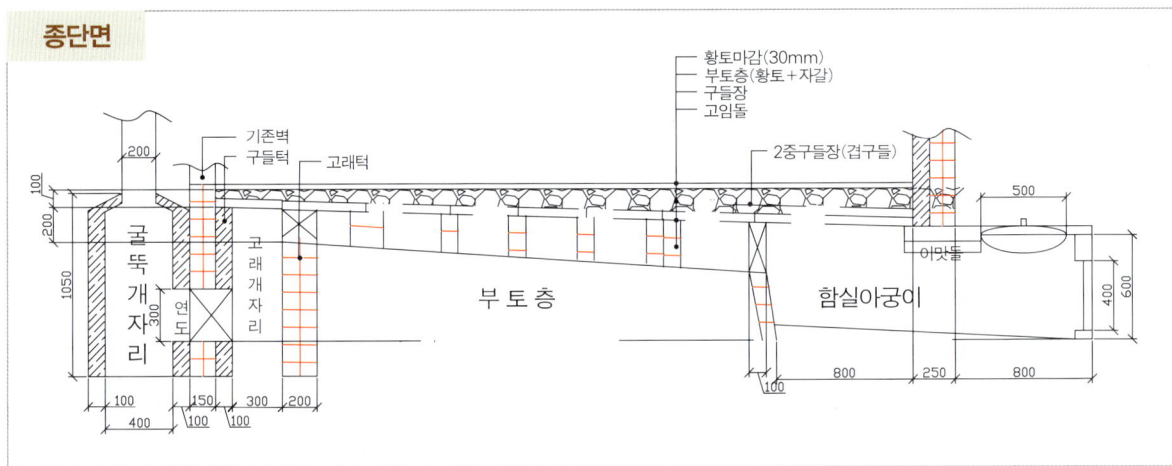

● 구들(온돌) 용어는 시대와 지역에 따라 다른 경우가 있는데, 표준화된 용어 사용을 희망한다.

개자리(회굴) : 깊이 파놓은 고랑(추울 때 개가 들어가 잔다고 하여 붙은 말. '재가 쌓이는 곳'이라는 뜻으로 '재자리'라고도 함)

고래 : 열기와 연기의 통로(고래 만드는 것을 고래켜기라고 함)

고래뚝 : 구들을 올리기 위해 높이와 폭을 맞춰 길게 연결한 뚝(허튼고래에서는 고래뚝을 고임돌이라 함)

고막이 : 구들과 연결된 마루 아래 터진 곳을 막는 돌(하방막기라고 함)

고임돌 : 허튼고래 방법에서 구들을 받치는 돌(줄고래에서는 고래뚝)

74

구들 : 구운 돌이란 뜻(우리말)이며 방구들의 줄인 말. 온돌과 같은 말

구들정개 : 두둑과 같은 말(구들돌을 올려놓기 위해 벽 옆에 쌓은 뚝)

구새 : 굴뚝(함경도 지방의 속이 빈 통나무 껍질로 만들어진 굴뚝관). 엄밀히 말하자면, 굴뚝은 가로로 지나가는 연도를 뜻한다. 구새는 굴뚝 끝에 세로로 연결되어 연기를 배출하는 곳이다. 동부와 남부지방에서는 굴뚝과 구새를 구별하지 않고 모두 굴뚝이라고 부르나, 구새와 굴뚝을 구별하여 부르는 것이 맞다.

구새갓 : 굴뚝 끝에 비를 막기 위해 덮는 갓 모양의 뚜껑(굴뚝갓)

내굴길 : 내부에 있는 연기 통로(언도)

당고래 : 고래개자리(회굴, 회골이라고도 함)

되돈고래 : 아궁이와 굴뚝이 같은 방향에 배치된 형태(되돌아간다고 해서 붙은 이름)

두둑 : 구들돌을 올려놓기 위하여 방 벽을 따라 쌓은 턱(시근담, 구들정개라고도 함)

바람막이 : 고래 끝이나 연도 쪽에서 바람과 열을 조절하는 턱

부넘기(불목) : 솥을 거는 아궁이 구조에서 벽 밑쪽을 막아 불을 위로 오르게 하고 재 날림을 막아주는 역할('부넹기'라고도 함)

부뚜막 : 솥을 걸거나 음식을 준비하기 위해 만든 아궁이의 넓은 턱

불목 : 함실에서 고래로 연결된 통로

불목돌 : 함실 위에 놓인 돌로, 열을 제일 많이 받는 돌

불집 : 불을 지피는 넓은 공간, 후렝이, 함실(아궁이 속의 넓은 곳)

봇돌 : 아궁이 양쪽 벽에 세우는 돌(기둥). 선틀돌이라고도 함

새침 : 구들장을 놓고 틈새를 흙으로 막는 일

선고래 구들 : 회굴이 방 밖에 위치하는 구들

선자고래(부채고래) : 부챗살 모양으로 고래뚝을 만드는 방법

쇄석 : 구들장을 덮고 작은 공간을 막거나 괴는 작은 돌, 부순 돌

쇠구들 : 한 아궁이에 두 굴뚝 형태의 구들, 가래구들, 써래구들(경우에 따라 고래

마다 굴뚝 설치)

시근담 : 두둑이나 구들정개와 같은 말

아궁이 : 불을 때는 곳(방이나 솥에 불을 때기 위해 만든 구멍). 지역에 따라 분구, 화구, 구락, 취구, 솥자리 등으로 불림

연도 : 고래개자리에서 굴뚝과 연결된 통로(연기가 지나는 길)

온돌 : 한자 표현어로 구들이라는 뜻

외굴길 : 외부에 있는 연기 통로, 굴뚝과 연결될 연도

이맛돌 : 함실 위에서 벽을 받쳐 주면서 솥 턱과 구들장을 받는 턱

일자고래 : 직선으로 고래뚝을 만드는 방법(줄고래라고도 함)

양파고래 : 고래 형태가 양파를 잘라 놓은 모양과 같아 붙인 말

중방구들 : 방과 방이 떨어져 있을 때 고래를 마루 밑으로 연결시켜 동시에 난방이 되게 설치된 구들

함실 : 군불용 아궁이에서 부넘기가 없는 아궁이. 부뚜막이 없는 형태(후렁이라고도 함)

화구 : 불문(아궁이 입구 문)

회굴 : 함실 반대편에 있으면서 습기와 연기를 유도하는 곳(고래개자리)

흩은고래 : 허튼고래(벌구들, 막고래)라고도 하며, 구들장 크기에 따라 고임돌을 받침

함실장 : 함실 위에 올리는 돌. 불목돌

흡출기 : 굴뚝 위에 덮어 비를 가려주며 전기를 이용하여 연기와 습기를 강제로 흡입하는 장치

2 고래 종류와 고래켜기

고래는 연기와 열기를 유도하는 통로를 말하며, 방 형태에 따라 일자고래, 허튼고래, 부채고래, 되돌린고래, 두방내고래 등으로 다양하게 연출할 수 있다. 설치하는 방법에 따라 방의 일부 혹은 전체를 따뜻하게 할 수도 있고, 열이 오래 남게 할 수 있다. 고래켜기는 고래골(길)을 나누는 방법을 말하며, 분배 방법이라 하기도 한다.

보통 고래켜기에서 고래길은 1칸의 넓이를 300㎜ 내외로 하는 것이 좋으며, 고래뚝의 높이는 200㎜가 적당한데, 이는 규격품 구들장을 양쪽으로 시공하기 좋기 때문이며, 높이는 200㎜ 내외가 가정용으로 적당하다. 만약 영업용이나 임시로 사용할 방이라면 그에 맞게 별도의 시공계획을 세워도 좋다. 영업용이라면 방바닥 두께가 최소 300㎜ 이상 되어야 하고, 임시로 사용할 방이라면 방바닥 두께는 100㎜ 이내로 하며, 상시 사용하는 방이나 가정용은 평균 150㎜ 정도가 좋다(시공방법 참조).

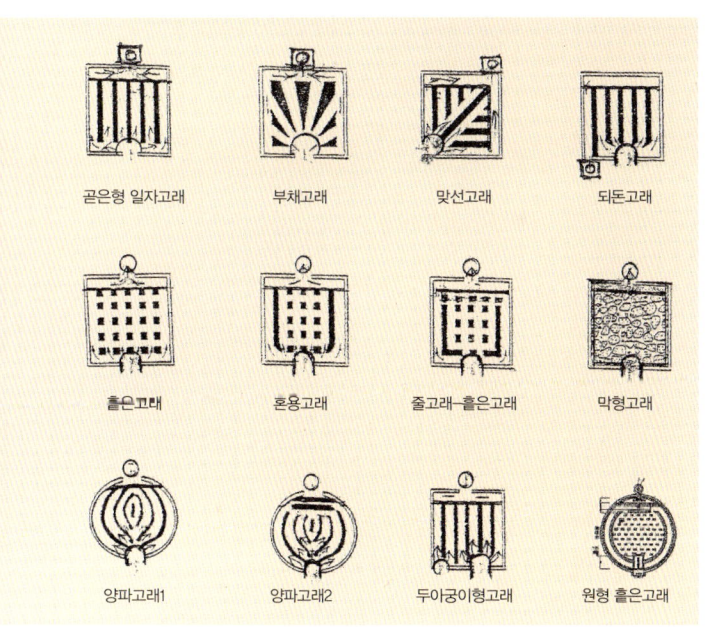

곧은형 일자고래　부채고래　맞선고래　되돈고래

흘은고래　혼용고래　줄고래-흘은고래　막형고래

양파고래1　양파고래2　두아궁이형고래　원형 흘은고래

● 많이 쓰이는 고래 종류

일자고래(줄고래)

일자고래(줄고래)란, 직선으로 고래뚝을 만들어 구들장을 받치는 고임돌 방법을 말한다. 일자고래(줄고래)는 옛날부터 전해오던 구들 형태로 우리 선조들이 제일 많이 사용하던 방법이다. 자재 사정이 여의치 않을 때는 고래뚝을 넓게 함으로써 작은 구들장도 받칠 수 있으며, 간단하고 작업성이 좋아 누구나 손쉽게 시공할 수 있기 때문에 많이 사용한 것으로 본다.

연료(땔나무) 수급이 원활하지 못할 때는 농사 부산물이나 솔가리(마른 솔잎), 검부러기 등 가벼운 연료를 사용하다 보니 재가 날려 고래가 쉽게 막혔다. 이에 청소할 목적으로 줄고래에 맞춰 부엌 쪽과 집 뒤편에 고래 높이와 같은 높이에 청소구를 뚫었다. 청소할 때는 장대 끝에 고래 속에 들어갈 수 있는 크기로 볏짚을 뭉쳐 잘 고정한 뒤 부엌 쪽에서 집 뒤 고래 쪽이나 집 뒤쪽에서 부엌 쪽으로 장대를 밀어 고래 속 그을음과 재를 청소하였다.그러나 취사와 난방을 동시에 할 때와는 달리 난방을 위주로 하기 위해 열효율을 올리기 위한 방법으로 청소하는 방법이 아닌 열을 가두는 방법을 사용하고 있다.

줄고래는 함실에서 배당받은 열을 고래개자리까지 보내면서 열을 외부로 보내지 않고 고래뚝에서 붙잡고 있다가 연결된 구들장으로 전달하는 전도 방법으로, 적은 열량으로도 열을 오래 지속할 수 있다는 장점을 가지고 있다. 이때 고래에서 고래 개자리로 넘어가는 고래 바람막이를 연도의 1.3~1.5 배 정도 막아 주는 것이 좋다. 고래 옆과 열이 떠있는 위를 막음으로써 방안 열기가 고래개자리나 굴뚝으로 나가는 것을 막을 수 있다. 따뜻한 열은 위로 올라가고 식은 열은 아래로 처지는 원리를

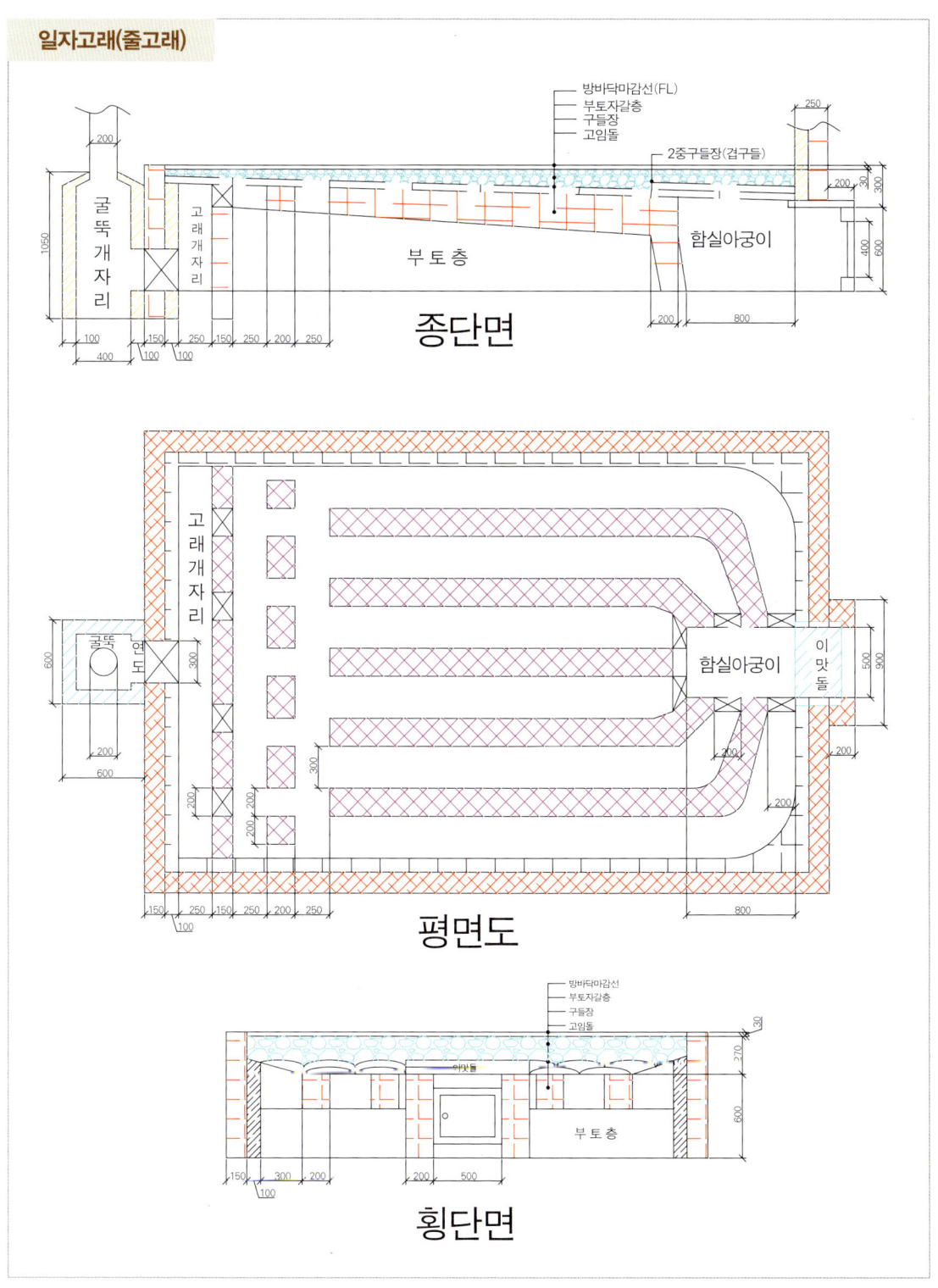

종단면

평면도

횡단면

이용하여 시공하는 것이 최고의 효율을 올리는 방법이라 할 수 있다.

일자고래 방법을 고래개자리 거리가 짧은 곳에 설치하게 되면 고래개자리와 굴뚝으로 나가는 열이 많아져서 연료 손실이 생기며 공기유입이 쉬워져 방안에 열손실이 빨라지면서 방이 빨리 차가워지는 현상이 일어난다.

일자고래는 방이 긴 곳에 유리하고 방이 작고 짧을 때는 흩은고래가 유리하다. 고래 방법을 정할 때 크기와 넓이 등 작업성에 맞추어야 적절한 시공이 될 수 있다.

고래 시공 방법 중 열효율이 제일 좋은 방법은 일자고래와 흩은고래 방법을 병행하는 것이라고 생각한다. 두 가지 방법마다 각기 다른 장단점을 가지고 있지만 그래도 작업하기도 쉬우면서 목적에 잘 맞는 시공방법을 선택하여야 할 것이다. 일자고래는 열이 빠르게 고래개자리 속으로 빨려 들어가며 멀리 보낼 수 있기 때문에 열이 방안에 오래 머물게 하는 방법에는 약하다. 흩은고래는 열이 진행하면 고임돌이나 고래뚝으로 막고, 피해 가면 또 막기를 반복하면서 열을 많이 보낼 곳과 적게 보낼 곳을 조절해주므로 열이 바깥으로 빨리 나가지 못하고 실내에서 오래 머물게 된다.

부채고래

부채고래는 일자고래와 같은 줄고래의 한 방법으로, 고래뚝을 부챗살 모양으로 놓는다고 하여 붙은 이름이다. 아궁이 위치에서 볼 때 방 길이보다 폭이 넓은 큰방 구조에 적합하며, 열 분배가 잘 되고 열 손실이 없도록 설치해야 한다. 함실 벽은 충분한 열 분배를 위해 타원형으로 잡아주는 것이 좋다.

기본적으로 고래개자리를 아궁이 반대편에 설치하지만, 폭이 넓은 방은 크기에 따라 한 면 또는 양 측면에 고래개자리를 둘 수 있다. 또한 측면에 고래개자리를 만

들기에 그리 넓지 않는 폭이라면, 고래는 함실을 중심으로 대각선으로 V자 모양 중골고래를 만들면 열을 분배하는 데 도움이 되며 멀리까지 열을 공급하는 통로 역할을 한다.

중골이란 일반 고래보다 조금 더 깊고 고래개자리보다 낮은 두 골의 중간 정도의 깊이로 생각하면 된다. 중골고래의 폭은 일반 고래와 고래개자리 중간으로 하되, 이 방법에서 고래의 길이는 방 3분의 2 지점까지만 유도하는 것이 좋다. 중골고래를 고래개자리까지 연결하게 되면 열의 빠른 진행으로 고래개자리로 열이 빠져 나가기 때문에 열 손실이 발생할 수 있다.

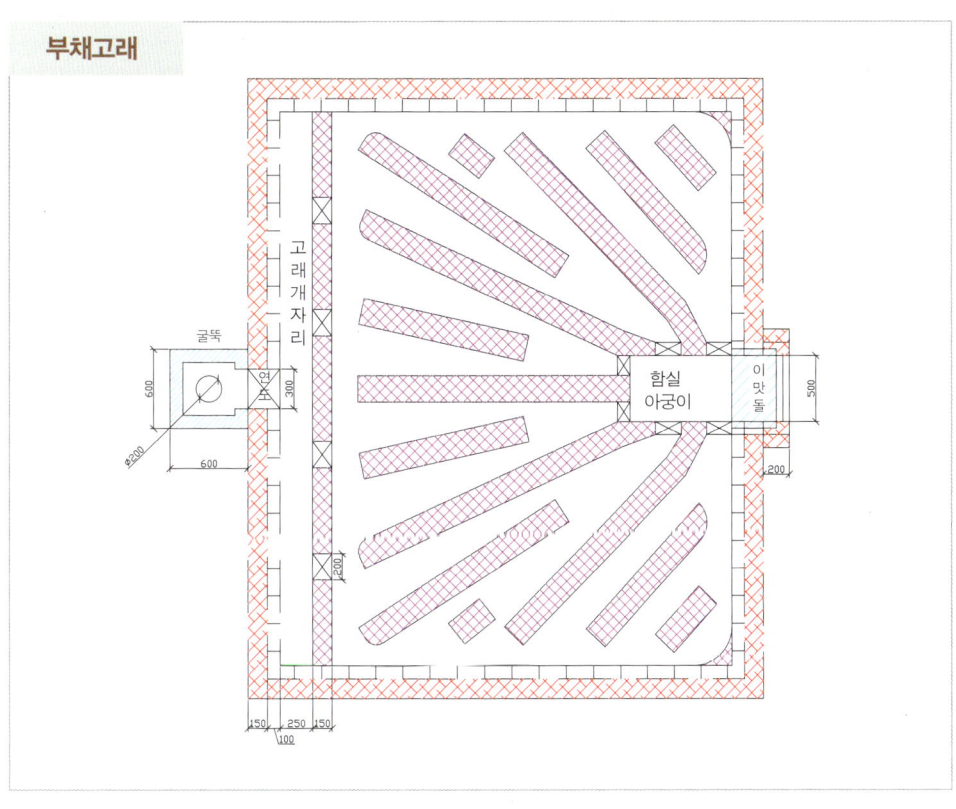

부채고래

흩은고래(막고래, 허튼고래)

흩은고래는 고임돌을 불규칙하게 설치하는 방법을 말하며, 자연석 구들장에 많이 사용된다. 구들장 크기에 따라 고임돌을 받치게 되는데, 고래 사이가 불규칙하고 돌 높이가 불규칙하므로 고임돌을 놓을 때는 현재 놓는 구들장과 다음 놓을 구들장이 반반씩 물리도록 배치해야 하고 높이의 밸런스를 맞추기 위해 고임돌 위에 황토 모르타르를 발라 구들돌을 올려놓고 위에서 눌러 안착이 잘 되도록 고정해야 한다.

황토 모르타르를 고임돌 위에 바르고 구들장을 덮으면 눌러서 흙이 빠져나올 수 있는데, 빠져나온 흙은 손으로 걷어내야 한다. 걷어내지 않으면 열이 지나는 통로를 막고 연기 슬래그가 엉겨 붙어 고래를 막아버리는 상황이 발생하기도 한다. 따라서 고임돌을 놓을 때는 고래 통로를 고려해 잘 배치해야 한다.

폭이 넓은 방에 흩은고래를 설치하면 아랫목 양쪽 코너 부분에는 열이 잘 전달되지 않을 수 있으므로 충분한 열 공급이 되도록 함실 불목에서 일자고래로 양쪽 코너까지 불길을 유도해주는 것이 좋다. 고래에서 고래턱으로 넘어가는 통로는 굴뚝거리가 멀수록 넓혀주고 가까우면 줄여 주어야 연기 소통이 원활하다.

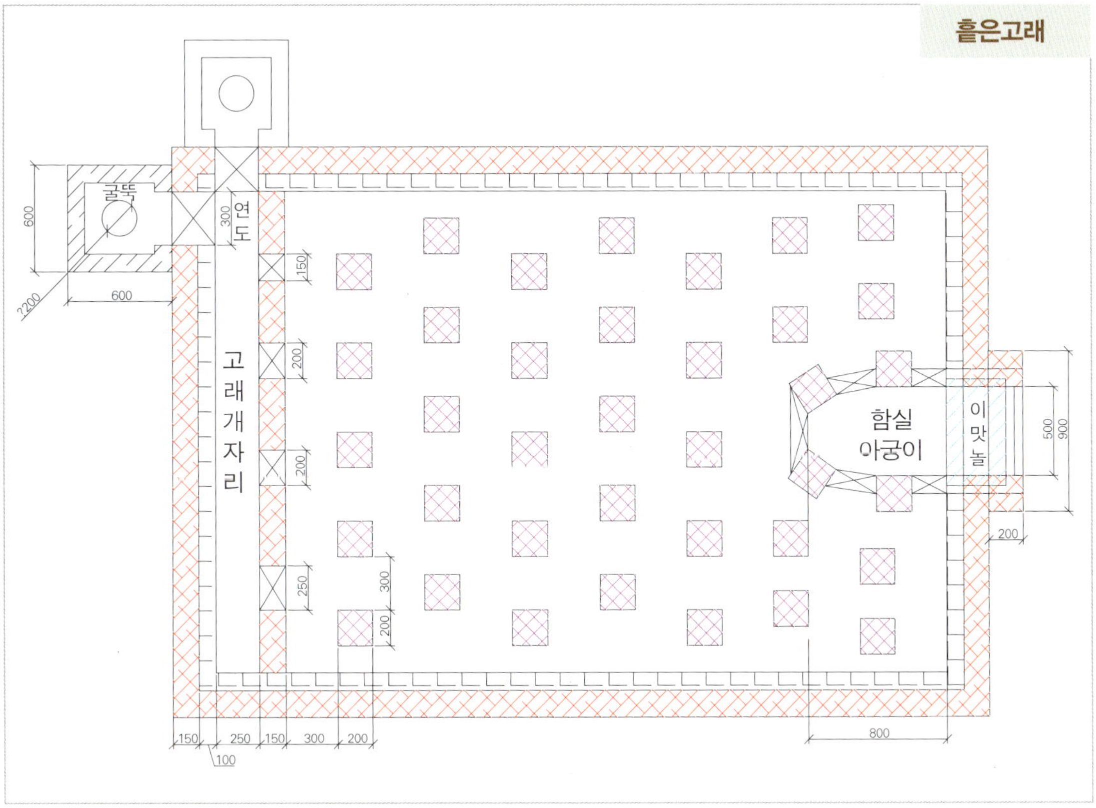

굴뚝

600

2200

600

연도

300

고래개자리

150

200

200

250

300

200

함실
아궁이

이맛돌

500

900

200

150 | 250 | 150 | 300 | 200

100

800

혼용고래(줄고래+흩은고래)

이 고래 방법은 열효율을 최대로 올릴 수 있는 방법으로 줄고래와 흩은고래를 병용하는 것이다. 함실에서 생산된 불길을 줄고래를 통해 냉기와 습기가 많이 발생하는 외벽 쪽으로 유도한다(방 길이의 3분의 2 지점까지). 방이 클 때는 줄고래를 2~3줄 배치할 수도 있다.

불은 열기가 왕성할 때 퍼졌다가 식으면 모여들기 때문에 방 끝부분 구석진 곳에 열기가 전달되지 못한다. 고래를 만들 때는 취약한 곳까지 열을 유도하고, 만약 열량이 모자랄 때는 고래턱를 잘 조절하여 열을 가둘 수 있도록 한다.

열은 팽창하면서 전도되기 때문에 남은 예열이라도 붙들 수 있다. 그러나 큰방일 경우 고래턱을 너무 막게 되면 오히려 습을 막는 경우가 될 수 있다. 이때는 연도보다 2~2.5배 정도 열어 주는 것이 효과적이다. 열이 고래개자리로 빠져나간다 하더라도 연도에서 다시 차단하기 때문에 걱정할 것이 없다.

먼저 줄고래 방법으로 시공하다가 흩은고래로 하는 것은 줄고래로 진행한 열이 너무 많은 냉기와 습기를 만나서 식어버릴 경우 주변 열기의 도움을 받고자 함이다. 열기가 남았다면 고래개자리로 빠지지 않고 방안 공기를 데우는 역할을 하기 때문에 열효율을 올리는 데 좋은 고래 방법으로 평가되고 있다.

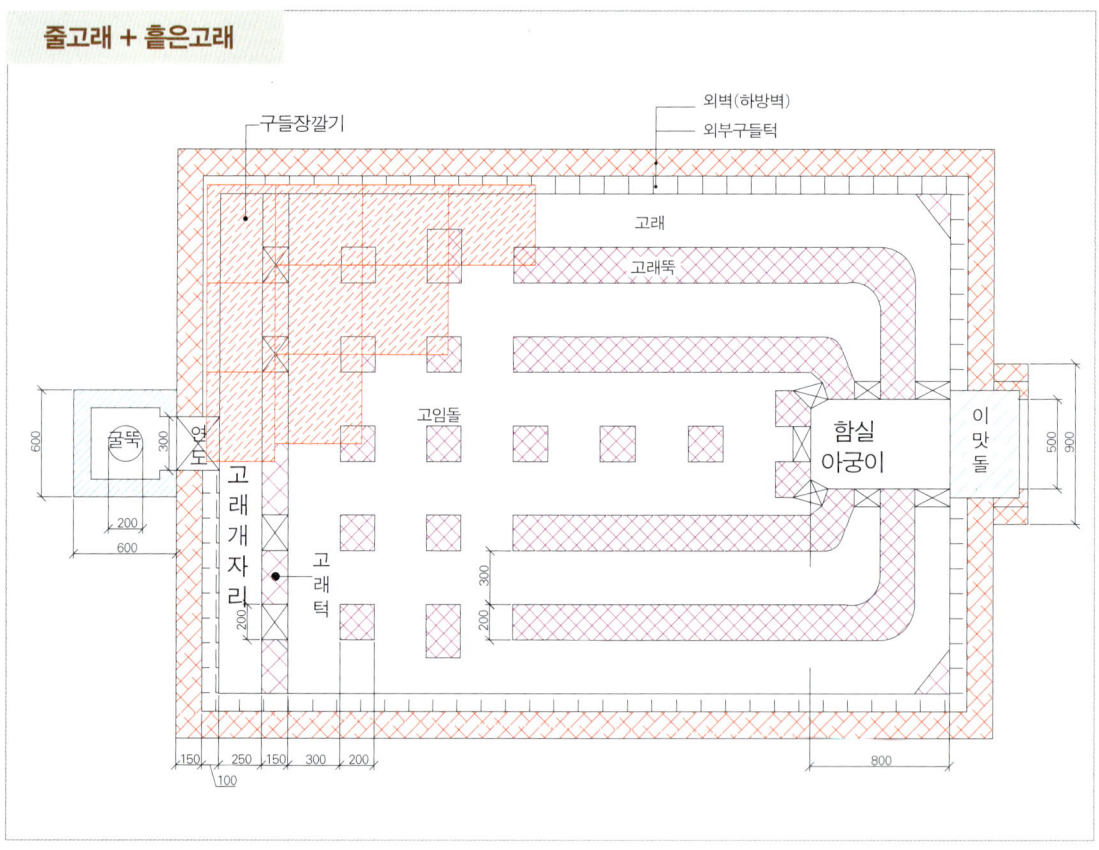

각자의 구역을 순찰하고 올라온 열기들은 고래 위쪽에 모이게 되는데, 남은 열을 그대로 남기려면 고래턱(고래목)을 잘 조절해야 한다. 고래턱을 조절하는 방법은, 굴뚝을 기준으로 굴뚝이 멀면 넓혀주고 가까우면 좁혀주는 것이다. 전체 면적은 연도의 1.3~1.5배 정도가 적당하며, 역풍을 막는 데도 좋은 역할을 한다.

두방내고래

두방내고래란, 한 아궁이로 두 방을 데우는 방법으로(방과 방이 연결되어 있을 때) 일손과 연료를 줄일 수 있으며 고온 방과 저온 방으로 나누어 사용할 수 있다. 방 길이가 길거나 두 방이 연결될 때 2번째 방의 반 지점까지 일자고래로 가고 그 뒤부터 흩은고래로 시공하여 열이 최대한 오래 머물게 해야 한다. 또한 길이가 길고 큰 방일 때는 중고래를 이용하여 열을 방 윗목까지 유도하여 퍼질 수 있도록 장치를 하는데, 중골을 2~3곳까지 만들 수 있다.

만드는 방법은 함실에서 기존 고래 밑에 300×300 이내의 관이나 벽돌로 통로를 만들어 위로 고래 바닥이 바로 지나게 한다. 길이는 방 3분의 2 지점까지 유도하는

데, 구들개자리는 벽돌이나 자연석을 이용해 유도관보다 배 정도의 크기로 만들고, 물 20~30리터가 들어갈 수 있는 정도의 항아리를 묻어 사용하는 방법으로 하면 효과를 볼 수 있다. 그 후 2차 분배를 하면 된다.

항아리는 공간을 가지고 있어 열을 흡입하여 분배하고 또한 열을 저장하여 오

래 머물게 한다. 자연석은 열을 분배하고 저장하기도 하지만 열을 발산하는 성질
또한 강하다. 돌이나 철은 열이 없으면 냉기를 발생시키고 열을 받으면 온기를 발
생시키는 성질이 다른 물체에 비해 강하게 나타난다.

되돌린고래(되돈고래, 대동고래)

되돌린고래란, 아궁이 방향으로 굴뚝을 내는 방법을 말한다. 원하는 방향에 굴뚝
을 설치하고 고래개자리로 넘어간 연기를 내굴길을 통하여 유도한다. 고래개자리
에 유도관을 묻을 수도 있고, 개자리처럼 판 다음 벽돌로 쌓아 남은 열을 저장하면
서 연기를 배출할 수도 있다.

고래개자리에 관을 묻어 굴뚝으로 연기
를 보내는 통로를 연도(煙道)라고 하는데,
내부에서 길게 나가면 내굴길이라 하고,
외부에서 길게 나가면 외굴길이라 한다.
또한 개자리 방법으로 내굴길을 선택했을
때는 함실에서 생산된 열기가 바로 넘어
가지 않고 고래개자리를 통해서 넘어가도
록 둑을 구들 마감 높이에 맞춰 틈이 없도
록 만든 후 구들돌을 얹으면 된다. 어떤
고래를 선택하건 관계가 없으며, 고래에서 개자리로 넘어가는 고래목은 굴뚝과 거
리가 멀수록 넓혀주고 가까울수록 좁혀주어야 먼 곳의 연기 순환이 원활해진다.

되돌린고래는 아궁이를 중심으로 어느 방향으로 돌리던 굴뚝 위치만 잡아 설치
하고, 열풍과 습기를 차단하는 방법으로 연도구를 줄여주는 것이 중요하다.

※내굴길: 방 내부에 깊게 파서 굴뚝으로 연기를 유도하는 긴 통로(관로). 짧으면 연도라고 함
※외굴길: 방 외부에 깊게 파서 굴뚝으로 연기를 유도하는 긴 통로(관로)

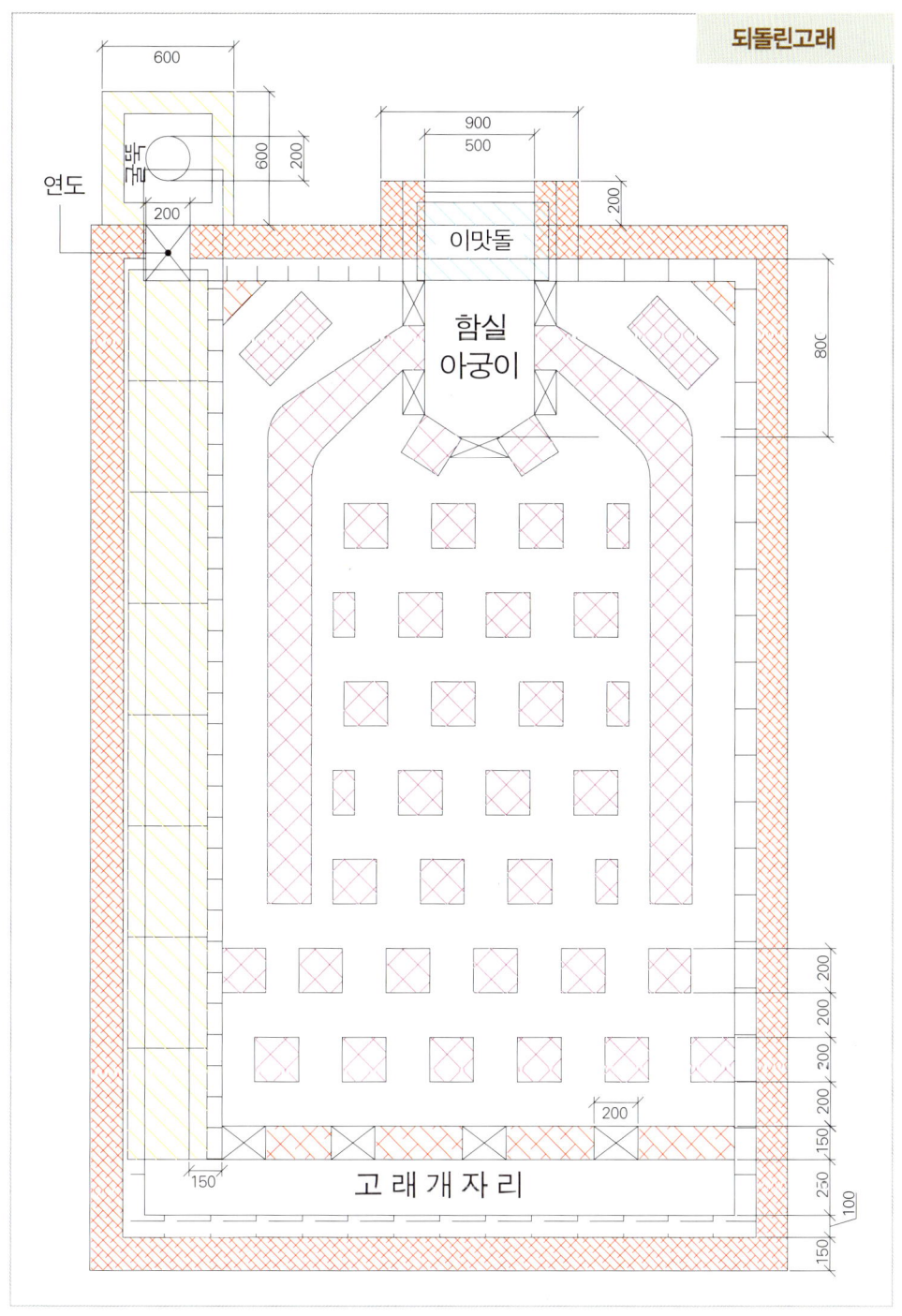

되돌린고래

연도

이맛돌

함실
아궁이

고 래 개 자 리

한쪽 아궁이 방법

　한쪽 아궁이 방법은 출입구의 위치나 다른 사정으로 아궁이가 한쪽으로 치우칠 수밖에 없을 때 설치하는 방법으로, 아궁이 위치는 좌우 어느 한쪽으로 설치되어 있지만, 함실 방향은 방 중심을 보고 각도를 잡아주므로 열을 분배하기가 쉬우면서 열효율도 좋다.

　이 구조에는 줄고래나 부채고래, 흩은고래 방법 중 두 가지를 혼용한 혼합고래 방법으로 분배하는 것이 좋다.

원형고래

　원형고래는 요사이 쉽게 짓는 황토방의 유행과 더불어 많이 시공되고 있다. 하지만 열의 흐름을 생각지 않고 시공하면 자칫 열이 굴뚝으로 쉽게 빠져나가 방이 따뜻하지 않을 수 있다. 원형고래도 그 모양에 따라 일반 원형고래, 양파고래, 부채고래, 흩은고래로 구분할 수 있다.

　원형고래에서 고래개자리 위치는 아궁이 반대편이 좋으며, 조건에 따라 방 중앙에 설치할 수도 있다. 위치에 따라 열을 제대로 유도하는 고래를 선택하여 열을 오래 머물게 하는 것이 구들을 놓는 기본이다.

일반 원형고래

아궁이 반대편에 고래개자리가 있을 때 원 형태대로 2m 이내의 고래개자리를 만든다. 고래는 줄고래와 흩은고래를 혼용하고, 고래 넓이는 300㎜ 내외로 한다. 고

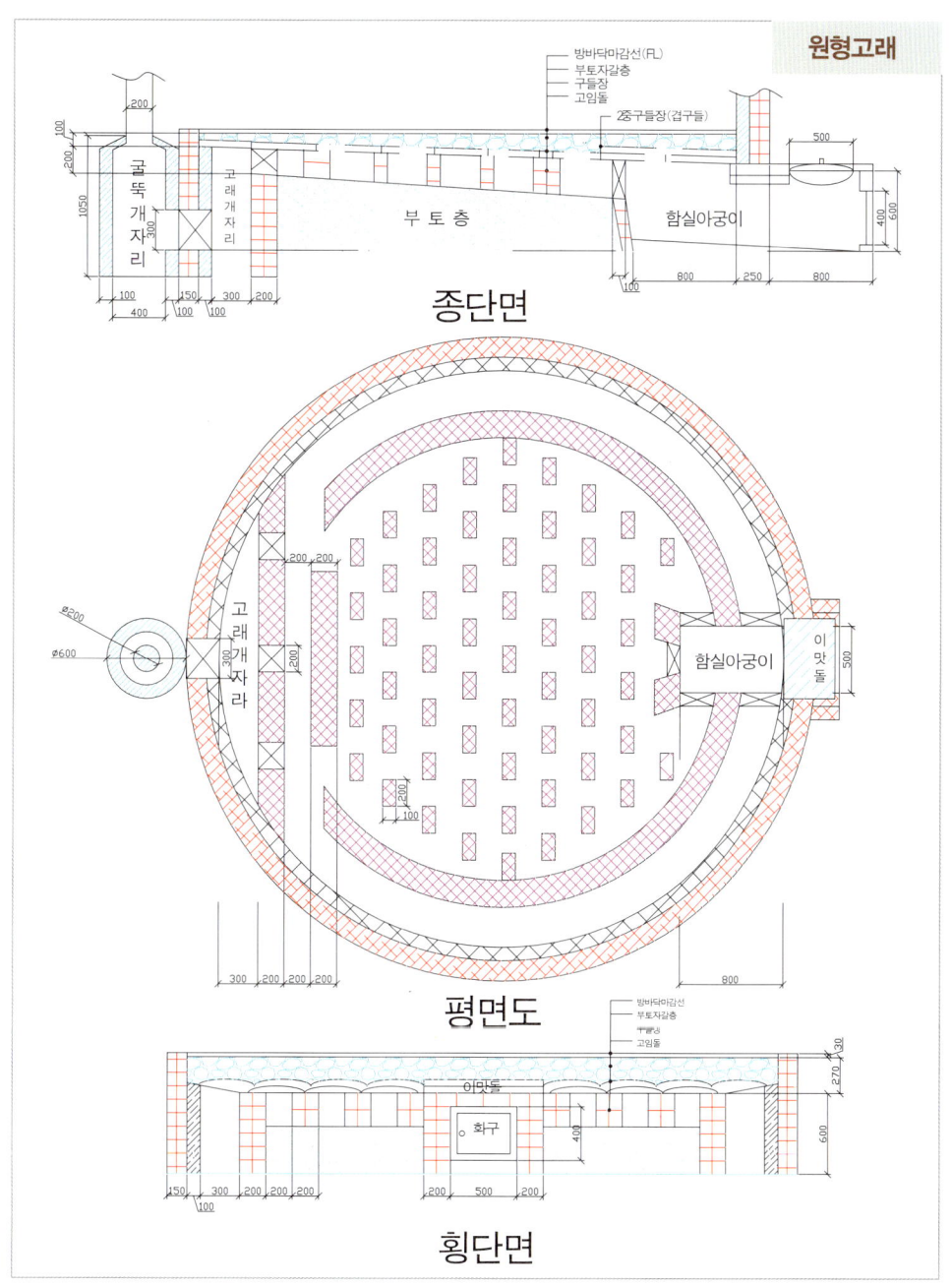

래개자리로 넘어가는 고래턱을 200×200㎜ 크기로 3곳 정도(연도의 1.3~1.5배 크기로) 뚫어준다. 고래개자리 앞을 가려서 직선으로 가는 열을 바로 가지 않고 양쪽으로 흘러가도록 해준다. 구들은 복잡하지 않으면서 열 효과를 제대로 볼 수 있어야 최고라 할 수 있다. 함실 크기는 일반 함실 크기와 같이 하면 된다.

양파고래

양파고래는 양파를 반으로 자른 모양 같다고 하여 붙은 이름으로, 고래개자리 중심부에 큰 항아리를 묻고 내굴길을 통해 연기를 굴뚝으로 내보낸다. 일반 고래와 같이 고래개자리를 만들어 열을 최대한 잡으면서 오래 머물게 하는 방법이다. 고래분배와 열 유도만 잘 한다면 최고로 좋은 시공 방법이 될 수 있다.

옛말에 화장실과 처갓집은 멀수록 좋다고 하였다. 굴뚝도 아궁이에서 멀리 떨어져야 열 손실이 적고 열을 오래 가둘 수 있다. 시공자(재실자)의 고래 설치방법에 따라 열을 놓칠 수도 있고 잡을 수도 있는 것이 구들이다.

원형구들에서 굴뚝 위치는 어느 쪽으로 가든 상관은 없으나 연기와 열기가 분리되도록 하고 목적지까지 잘 유도하는 것이 재실자의 몫이다.

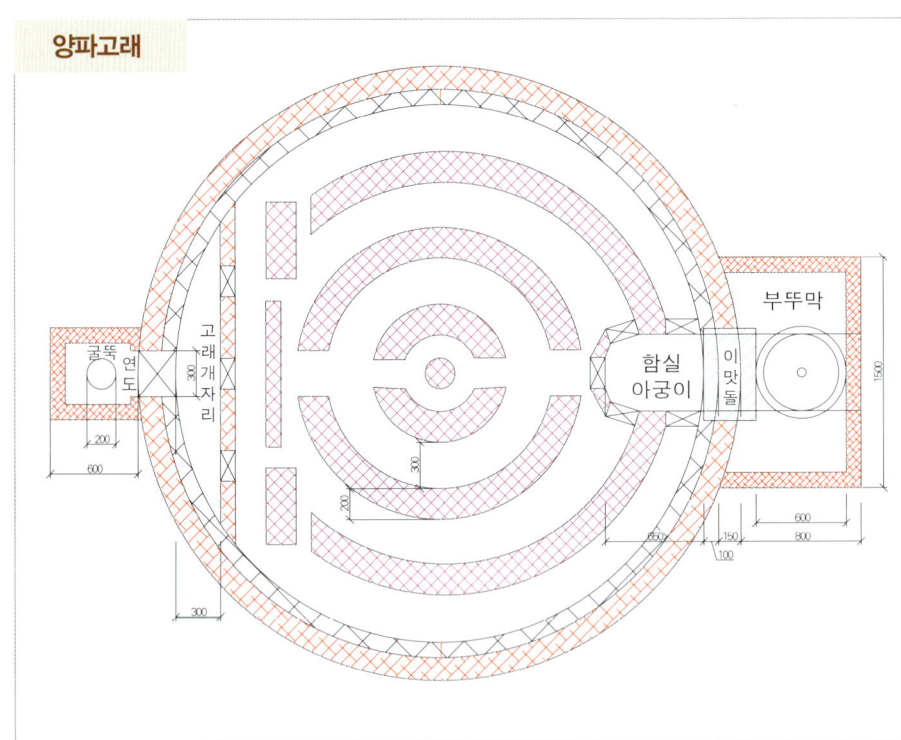

90

부채고래

　부채 모양으로 고래를 설치하는데, 3분의 2 지점까지는 줄고래 방법으로 간 다음 흩은고래로 연결한다. 고래개자리 앞에 병풍벽을 설치하고 열이 빠져나가지 않도록 하는 것이 기술이다.

기본형 구들방 시공 자재 및 시방서

기본 벽이 있는(2~3평) 구들방 자재 내용(함실아궁이)

(2010년 10월 기준)

종목 / 방 크기	단위	2평(2,500×2,500) 규격 및 수량		3평(3,100×3,100) 규격 및 수량	
내용	단위	규격 및 수량		규격 및 수량	
기초자재	장/포	블록 100장, 시멘트 5포, 모래 1㎥		블록 100장, 시멘트 5포, 모래 1㎥	
구들장(현무암)	장	500×500×50T	26	500×500×50T	39
내화물	장	함실장(680×230×65T)	5	680×230×65T	5
고임돌(적벽돌)	장	200×90×60	200	200×90×60	300
흙(막토)	㎥	자연토	1	자연토	1
마감용 흙	kg	채 통과	250	채 통과	400
생석회	kg	분말	50	분말	50
화구(불문)	개	주물형 大	1	주물형 大	1
식물성 풀	kg	감자 · 고구마 · 목화 전분	2	감자 · 고구마 · 목화 전분	2
굴뚝(파형관)	개	파형관, PH관중	1	파형관, PH관중	1
운송료	대	5t 트럭	1	5t 트럭	1
보조공	人		4		4
기능공	人	조적, 구들, 미장	4	조적, 구들, 미장	4
공과잡비	%		10		10
예상공사금액	총액	250만 원		300만 원	

기본 벽이 있는(4~5평) 구들방 자재 내용(함실아궁이)

(2010년 10월 기준)

종목 / 방 크기		4평(3,600×3,600)		5평(3,000×5,500)	
내용	단위	규격 및 수량		규격 및 수량	
기초자재	장/포	블록 120장, 시멘트 6포, 모래 1.2㎥		블록 120장, 시멘트 6포, 모래 1.2㎥	
구들장(현무암)	장	500×500×50T	52	500×500×50T	65
내화물	장	함실장(680×230×65T)	5	680×230×65T	6
고임돌(적벽돌)	장	200×90×60	400	200×90×60	500
흙(막토)	㎥	자연토	1.2	자연토	1.5
마감용 흙	kg	채 통과	500	채 통과	600
생석회	kg	분말	50	분말	75
화구(불문)	개	주물형 大	1	주물형 大	1
식물성 풀	kg	감자 · 고구마 · 목화 전분	3	감자 · 고구마 · 목화 전분	3
굴뚝(파형관)	개	파형관, PH관중	1	파형관, PH관중	1
운송료	대	5t 트럭	1	5t 트럭	1
보조공	人		5		5
기능공	人	조적, 구들, 미장	5	조적, 구들, 미장	5
공과잡비	%		10		10
예상공사금액	총액	400만 원		450만 원	

기본형 구들방 시방 내용

구들(온돌)방을 시공함에 하방 벽이 방바닥 높이까지 시공된 상태에서 나머지 쌓기 부분은 손쉽고 저렴한 자재로 아래와 같이 시공한다. 아궁이(함실)는 군불용으로 설치한다.

①하방 벽은 기존 기초 상태에서 고래개자리와 연도, 굴뚝개자리를 시멘트블록으로 조적(쌓기)하고 함실(아궁이) 부분은 적벽돌로 조적(쌓기)한다.

②고임돌은 자연석과 적벽돌, 내화벽돌, 기와장 중 작업성과 가격을 고려하여 적

벽돌로 시공하는 것으로 한다.

③구들장은 화강암, 편마암, 운모석, 현무암 중 열에 강하고 가격이 저렴하며 시공이 편리한 규격재로 현무암(화산석) 500×500×50T로 시공키로 한다.

④굴뚝 재료로는 PH관과 파형관, 스텐관, 옹기관, 나무관, 자연석, 적벽돌 등 다양한 재료가 있으나 손쉽고 저렴한 PH관으로 선택한다(길이 4m, 지름 200㎜).

⑤불문(화구)에는 기성 주물문, 철재 주문형, 스텐 주문형이 있으나 기본적인 기성품 주물화구를 사용한다(15~20호).

⑥기능성 규사는 황토, **백운모**(일라이드), 건운보, 맥반석, 게르마늄, 옥 중 선택 사양으로 평당 100kg 내외로 사용한다.

⑦작업 방법으로는 일반 가정용, 주말용, 업소용, 사찰용 중 일반적으로 많이 사용하는 일반 가정용 방법으로 시공한다.

⑧마감 작업은 황토 미장으로 하는데 20㎜ 내외로 마감한다.

위 적용 외의 부분은 선택사양(옵션)으로 정한다.

3 내손으로 구들방 시공하기

무슨 일이든 원리를 알면 쉬운 것처럼 구들 시공도 용어와 구조별 기능을 이해하면 마무리하기도 쉽고 시간도 절약할 수 있으며 결과에도 만족할 수 있다. 하지만 사전준비와 계획을 세우지 않는다면 시간만 낭비하고 원하는 효과를 얻을 수 없기 마련이다.

필자는 오랫동안 현장에서 많은 시행착오를 겪으며 쌓은 경험을 바탕으로 누구든지 쉽게 이해하고, 자재만 있으면 언제 어디서 어떤 형태의 구들이라도 시공을 할 수 있도록 용어와 자료를 정리하고자 한다. 많은 구들 예찬가들에게 도움이 되었으면 하는 마음이다.

◈ 구들 놓기에 필요한 자재와 공구 ◈

재료를 보면 시멘트, 모래, 황토, 시멘트블럭, 벽돌, 적벽돌, 내화벽돌, 이맛돌, 불목돌, 구들장, 쇄석, 자연석 주먹돌, 철근(지름 13㎜ 이상), 자갈 등이 필요하다. 공구로는 일반삽, 각삽, 막삽, 곡괭이, 중망치, 벽돌망치, 벽돌칼, 미장칼, 미장 모르타르판, 먹줄, 실, 수평호수, 양동이, 다라이, 잣대, 나무칼 등이 필요하다.

구들방 면적에 따른 구조장치 규격표

(단위 : mm)

방 길이 (아궁이 쪽 벽에서 반대편 벽까지)	이맛돌 높이 (방바닥 마감 선에서 이맛 돌 하부까지)	고래개자리 크기 (방바닥 마감선에서 고래 바닥까지)	함실 크기(군불용) 가로×세로×높이 (함실 바닥~방바닥)	굴뚝 지름
4000 이내	300~350	깊이 800 이상 넓이 250 이내	500×800×800	150~200
5000~6000 이내	400~500	깊이 800 이상 넓이 250 이내	500×900×900	200
7000~9000 이내	600~800	깊이 1000 이상 넓이 300 이내	600×1000×1100	200~250
10000 이상	900 이상	깊이 1000 이상 넓이 300 이상	700×1200×1400	250~300

※이 표는 구들 시공 시 방 크기별 통상적인 예로, 방 크기에 따라 이맛돌 높이를 조절함으로써 방 온도를 균일하게 조절하는 데 목적이 있다.
※강제순환식은 높이 조절을 자유롭게 할 수 있다.

구들방 시공 순서

하방벽 기초와 조적하기

구들방을 만들려면 다기능 소질이 조금은 있어야 하는데, 다기능은 황토집과 황토방을 내손으로 짓겠다는 마음을 가지고 실습을 통해 숙련을 하면 된다. 다기능공이란, 건축의 전반에 대한 이해와 손으로 할 수 있는 기능을 보유한 자를 말하며, 기초를 이해하고 벽돌을 쌓는 기능과 미장을 할 줄 알아야 구들 시공이 가능하다. 때문에 모든 준비를 해야 되며, 필요한 자재는 미리 준비하고 공사 진행에 착수해야 된다.

기초를 파고 콘크리트를 타설하는데, 기초는 어떠한 건물을 짓느냐에 따라 방법이 달라진다. 일반 가정의 소규모 황토방이라면 현 평지에서 깊이 400mm, 넓이 300mm 정도로 파고 줄기초를 해야 한다.

기초 판에 거푸집을 넣을 수도 있고 200mm 높이로 막 콘크리트를 넣을 수도 있다.

● ●
줄기초 　 해머로 다지기

어느 방법으로 하든지 기초 콘크리트 타설 시 지름 13㎜ 철근을 6개(대) 정도 바닥에 깔아주면 기초 보강이 된다. 지반의 부동침하까지 생각한다면 주먹돌을 깔고 해머로 다짐을 한 후 콘크리트를 타설하면 튼튼하다.

기초를 할 때 방 높이를 얼마로 할 것인지 계산하여 아궁이 자리와 굴뚝 자리를 비워 둬야 한다. 아궁이(함실) 자리는 방 마감선에서 최소 300㎜ 내려간 곳에 넓이 600~700㎜ 정도로 비워 둬야 하며, 굴뚝으로 나가는 연도 자리는 이맛돌과 같거나 최대한 낮게 하는데, 300×300㎜ 정도 띄워 놓는 것이 좋다.

구들을 놓으려면 먼저 영업용으로 할 것인지 가정용으로 할 것인지를 정하고, 구들만 시공하는 곳과 신축건물을 구분하여 방 높이와 사용하고자 하는 높이를 정해야 한다. 기존 건물일 경우는 높이가 정해져 있겠지만, 신축건물일 경우 높이를 산정하기 어려울 수도 있다. 지형적으로 습기가 많은 지역이면 방을 높여야 되고, 일반 지역(습이 없는)이라도 우천 시를 감안해야 한다. 방에 들어갈 때 마루가 있다고 보면, 마당에서 200㎜ 정도 높이로 축담(기단)을 설치하고, 마루의 높이는 이 축담에서 500㎜가 적당하다. 이 높이를 방바닥 마감 높이로 정하여 하방벽을 쌓으면 된다.

이맛돌 놓기와 연도 만들기

①이맛돌 놓기

기초 콘크리트가 끝난 후 하방벽을 방바닥 높이까지 쌓으면서 지름 16㎜ 이상의 철근 두세 개 정도를 이맛돌 위에 올려주면 벽이 보호된다. 보강을 하지 않을 시에는 이맛돌이 열을 받으면서 벽에 금이 많이 간다. 이맛돌은 방바닥 마감선에서 최소 300㎜ 아래에 설치한다. 아궁이(함실) 입구는 부뚜막이 있는 아궁이일 때는 이맛돌을 기준으로 가로 400㎜에 세로 300~400㎜ 정도로 열고, 함실아궁이일 때는 가로 500㎜에 세로 500㎜ 정도가 적당하나. 난 솥을 많이 사용하는 아궁이라면 부넘기 공간은 300×300㎜ 정도가 적당하다.

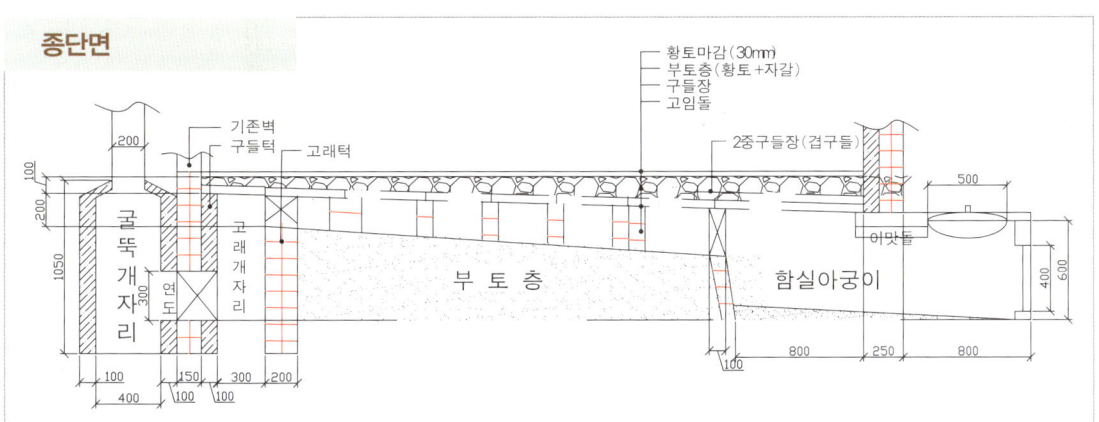

종단면

이맛돌 놓기

이맛돌 위 하방벽 연결

②연도 만들기

연도는 연기가 지나가는 길이라는 뜻으로, 바람을 막아주고 습기와 연기를 내보내는 통로다. 너무 크면 바람이 내부로 침입하기가 쉽고, 좁으면 연기 토출을 막기 때문에 굴뚝 크기와 비례하여 만드는 것이 좋다(연도는 굴뚝 지름의 1.3~1.5배 정도).

연도의 위치와 크기를 고려해야 잘 놓은 구들이라 할 수 있다. 열은 위로 뜨기 때문에 남은 열을 보관하기 위해서는 최대한 내려간 곳에서 아래로 연도를 만들어야 한다. 굴뚝으로 나가는 연도구는 고래개자리 바닥에서 가로 300㎜, 세로 300㎜ 정도 되도록 열어놓는 것이 좋다.

※기초 하방벽 조적(쌓기) 시 함실 공간이나 연도 공간을 미리 확보하지 않고 벽 마감 후 공간을 확보하려면 기초에 무리가 올 뿐만 아니라 작업이 복잡해지기 때문에 기초벽 조적 시 확보하는 것이 제일 좋다.

고래개자리와
연도 만들기

고래턱 만들기

함실(아궁이) 만들기

하방벽 조적이 끝나면 함실과 고래개자리를 만들어야 하는데, 먼저 함실은 아궁이에 솥을 거느냐 안 거느냐, 큰방이냐 작은방이냐에 따라 조적 방법을 다르게 해야 한다. 솥을 걸 경우 이맛돌 하부에 부넘기 턱을 만들어야 음식을 끓일 수 있는데, 만약 부넘기가 없으면 불길이 고래 쪽으로 치솟아 솥의 음식이 빨리 끓지 않게 된다.

불문 세우기　　　　　　　함실 만들기　　　　　　　함실과 무누막 만들기

부넘기의 크기는 이맛돌을 중심으로 가로 400㎜ 정도에 폭도 300㎜ 정도가 적당하다. 부넘기는 열도 잡아주고 재도 잡아주며, 역풍 시 바람을 막아주는 역할을 한다. 또한 불기운의 뻗어가는 속도를 도와서 모아지는 불꽃을 멀리 보내기도 한다.

부넘기로 넘어간 곳은 구들개자리라 하는데, 솥이 걸리지 않았다면 함실이라 한다. 함실의 크기는 폭 400~500㎜, 높이 500㎜, 길이 700~1000㎜(벽체에서) 정도로 하는데 방 크기에 맞춰 조절하고, 함실 벽(턱)의 높이는 이맛돌보다 100㎜ 내려간 높이로 한다. 또한 아궁이가 있는 구조는 함실 길이를 700㎜ 이내로 하고 뒤쪽 폭은 앞쪽보다 작게 하는 것이 좋다. 불길은 좁을수록 압력이 생기게 되어 멀리 보낼 수 있다.

함실 뒤턱은 고래로 날려들어 가는 재를 잡아주는 역할을 한다. 병목현상을 만들어야 할 곳과 열어주어야 할 곳을 조절하여 먼 곳까지 열을 유도하는 것이 기술이다. 그러나 너무 막으면 방바닥이 타는 경우가 있으니 적당히 분배를 잘 하는 것이 중요하다.

☞ 이맛돌 : 아궁이 함실 윗부분의 상부 벽을 받쳐주고 열을 차단하며 솥 턱과 구들장을 받쳐주는 돌.

고래개자리 만들기

고래개자리에는 열과 습이 내재해 있다. 아래쪽은 습기가 기승을 부리고 위쪽은 열이 깔려있다. 열과 습이 움직일 수 있도록 공간을 배려해주어야 한다. 위쪽은 방바닥에 공급하고 남은 열이 밀려나와 떠있는 상태다. 남은 열을 1차로 저장하는 곳이 바로 고래개자리다.

고래개자리는 열을 유도하고 연기와 습기를 빨아 당겨 정리하는 터미널로, 연기와 습기를 굴뚝 밖으로 내보내는 역할을 하고, 남은 열을 저장하며 외부로부터 침입하는 역풍을 잠재우는 중요한 곳이기도 하다.

● 고래개자리 만들기

고래개자리는 방 크기에 따라 'ㄱ'자 또는 'ㄷ'자 형태로 만들 수 있다. 일반적으로 5평 이내의 일반적인 방은 아궁이 반대편 한 곳이 제일 좋으며, 내벽선에서 600㎜ 들어온 선까지 고래개자리 기초를 판다. 깊이는 방바닥 마감선에서 800㎜ 이상 깊을수록 좋은데, 일반 소형 황토방이라면 깊이 800~1000㎜에 폭 250㎜가 적당하다.

고래개자리 만드는 공간을 600㎜ 정도 확보하고, 확보된 곳에서 뒷벽 쪽에 100㎜

두께의 벽을 방바닥 마감선에서 100㎜ 아래 높이까지 쌓는다. 고래개자리 공간을 250㎜ 띄우고 부토층을 막기 위한 흙막이 벽을 150㎜ 블록이나 적벽돌, 기타 자재로 쌓는데, 방바닥에서 250㎜ 내려간 높이까지 쌓아 마무리한다(고래개자리 뒤턱보다 150㎜ 내려간 선이 고래개자리 턱이 된다).

하방벽 바르기와 부토 채우기

조적이 끝나고 나면 방구들 밑에 부토층 흙을 채워야 하는데, 흙을 채우기 전에 바림과 연기가 새지 않도록 먼서 하방벽 소석 년에 미상을 해야 한다. 미장용 모르타르로 황토를 선택할 수도 있고 시멘트나 생석회를 선택할 수도 있다. 건강을 위한 건물이라면 시멘트는 피하는 게 좋고, 습이 많거나 작업성만 생각한다면 작업성이 쉬운 소재를 선택하도록 한다.

하방(기초)벽 미장이 끝나고 하루나 이틀 정도 지나면 함실(구들개자리 턱)에서 고래개자리 앞턱까지 흙 채우기를 하는데, 흙을 채우기 전 바닥 가장자리에 소금이나 숯, 생석회 중 하나를 선택해 깔아주면 벌레를 퇴치하는 데 좋다. 소금은 벌레 유입을 막고 기존 흙 속에 있는 벌레를 소멸시키며, 숯이나 생석회는 습도 조절과 항균제 역할을 하기 때문에 좋다. 또한 생석회는 벌레 유입이나 활동을 막아줄 뿐만 아니라 시간이 흐를수록 강도가 강해지는 성질이

하방벽 바르기

부토 채우기

있어 흙을 보호하는 역할을 한다.

흙을 높이에 맞게 성토한 후 고임돌이 침하되지 않도록 진동다짐이나 수(手)다짐을 하여 견고하게 고름질한다. 바닥 다짐이 끝나면 고래와 고래뚝(고임돌)을 만드는데, 구들장 재료에 따라 선택하면 된다. 고임돌 시공에 쓰이는 자재에는 내화벽돌과 치장벽돌(적벽돌), 자연석, 기와 등이 있으며, 자재에 따라 작업성과 가격 면에서 많은 차이가 난다. 내

부토 다지기

화벽돌이나 적벽돌을 쓰는 것이 작업성이 좋기 때문에 시공 시간을 단축할 수 있다. 고래뚝(고임돌)은 외부 벽 쪽을 1줄로 쌓는데, 얇은 구들은 마감선에서 100mm 아래까지 쌓고, 이맛돌이 낮은 구들은 바닥 경사에 따라 조절하며 전체 면에 턱을 돌려 쌓는다.

고래켜기와 열 분배하기

구들장을 놓기 위한 모든 준비가 완료되면 막황토를 평당 0.17m³(270kg) 정도 잘 교반하여 미리 이겨서 두고, 채로 거른 부드러운 황토도 막황토와 비슷하게 사용량을 계산하여 모래와 1:1의 비율로 배합하여 숙성시킨다. 용도에 따라 볏짚이나 수사를 함께 혼합한다. 고임돌을 놓기 위해 방 크기에 맞춰 일자고래로 할 것인지 흩

● 교반하기

● 함실에서 열 분배하기

● 고래켜기

은고래로 할 것인지 정하여 고래둑과 고래 간격을 맞춘다. 고래 간격은 300㎜ 내외로 하고, 가정용 방의 고래둑 높이는 200㎜ 정도가 적당하다.

방을 골고루 따뜻하게 하려면 각 구조마다 기능을 생각하고 분배를 잘 해야 하는데, 가장자리 쪽은 구들장을 높게 놓고 아랫목과 가운데 열을 많이 받는 곳은 낮게 놓아 적은 열량으로 최대의 효과를 볼 수 있도록 한다. 아궁이와 함실에서 발생한 열을 어떻게 분배하느냐에 따라 열 배당을 너무 많이 받은 곳은 검게 타는가 하면 열 배당을 받지 못한 곳은 위로는 얼음이 얼거나 아래로 눈물을 흘리는 온돌방이 될 수도 있다.

열을 분배할 때 멀리 보낼 첫 칸을 크게 하고 갈수록 작게 조절하여 평등하게 열 분배를 해야 한다. 열을 유도하는 방법도 중요한데, 고래의 형태에 따라 장단점이 있기 때문에 방 구조에 맞게 잘 선택해야 된다. 벽 쪽으로 가는 첫째 불목 칸은 직선으로 가는 칸보다 배 정도 크게 하는 것이 좋다.

구들(온돌)방을 만들어 사용함에 누구나의 바람은 적은 연료로 빨리 그리고 골고루 따뜻하고, 따뜻함이 오래 갔으면 하는 것이다. 기술자라면 내 마음대로 시간을 조절할 줄 알아야 한다. 그러므로 첫째 칸 양쪽 외벽으로 가는 고래를 줄고래로 하여 방 폭(길이)의 2/3 지점까지 유도한 다음 흩은고래로 유도하면, 힘을 잃은 열기는 연기와 함께 나갈 길을 찾아 안으로 들어오면서 연기는 나가고 열은 다른 열과 만나면서 힘을 얻어 내부 열이 팽창하여 취약한 구석까지 골고루 따뜻하게 된다. 방 양쪽 측면이 넓을 경우 2~3칸 정도를 줄고래로 할 수 있으나, 폭이 넓으면 부채고래로 한다. 방 길이가 길 때는 2/3 지점까지 줄고래로 유도하는 것이 열효율 면에서 좋다.

다음은 고래에서 고래개자리로 넘어가는 고래턱 조절 방법인데, 굴뚝이 멀수록 연기가 나가는 통로를 넓혀주고 굴뚝이 가까울수록 줄여주는 게 열을 방안에 오래 머물게 하는 방법이다. 고래개자리로 넘어가는 배출 통로는 연도 면적의 1.3~1.5

배 정도가 적당하다. 한마디로 아무리 넓혀봐야 열만 빠져나간다는 말이다.

고래와 고래둑 설치가 완료되면 고래 바닥에 자갈층을 50㎜ 이상 깔아주는 게 열을 보관하는 데 효과적이다. 자갈은 열을 오래 유지하는 최고의 자연 광물이다. 그러나 자갈을 깔더라도 고래 높이는 유지되어야 하고, 바닥은 요철 없이 마사나 황토로 평탄하게 고른다. 요철은 그을음을 붙들어 고래를 막히게 할 수 있다.

고임돌의 높이는 200㎜ 내외가 가정용으로 적당하며, 고임돌(고래둑)의 넓이는 200㎜ 정도로 하고, 고임돌이 흔들리지 않도록 황토 모르타르를 깔아 고정한다. 고임돌 재료로 불을 많이 받는 아랫목 쪽은 내화벽돌로, 불기운이 약한 윗목 쪽은 적벽돌로 작업을 하는 것이 좋다. 고임돌을 200㎜ 높이로 할 때 흩은고래는 40장, 줄고래는 90장 정도 소요된다.

고래개자리는 집진설비 역할을 하며, 뜨거운 열기를 간직하는 작용도 한다.

굴뚝개자리와 굴뚝 만들기

앞에서 고래개자리와 연도를 만들었다. 마지막 통로인 굴뚝은 온돌(구들)의 마지막 열 저장고이면서 역풍을 막아주는 방패이기도 하다. 열 저장고로서의 역할을 하려면 굴뚝개자리 넓이는 굴뚝 지름의 최소 4배 이상으로 해야 되고, 굴뚝개자리는 깊을수록 좋다. 깊이는 고래개자리나 아궁이 바닥보다 300㎜ 이상 깊어야 한다. 단열과 방수가 잘 되어야 하는데, 단열이 잘 되려면 벽체가 두꺼워야 하고, 바람이 새지 않아야 하며, 외부에서 들어오는 습을 막아야 한다. 이런 조치를 하려면 굴뚝개자리를 만들 때 공간을 여유 있게 파고, 조적할 때 내·외부에 방수미장을 하

며, 외부는 주변 흙을 잘 다져서 메워야 한다.

굴뚝 내부는 벽체 4면에 모두 방수처리를 하되 바닥은 방수처리를 하지 않는 게 좋다. 굴뚝개자리는 열을 저장하고 외부에서 들어오는 역풍을 막아준다. 그런데 연료에 포함된 습이나 내부의 습이 밀려나오면서 연기와 만나면 목초액이 되는데, 이것이 굴뚝 밖으로 다 나가지 못하고 굴뚝 벽에 부딪쳐 떨어지면서 굴뚝개자리 바닥에 고이게 된다. 방수처리를 하면 떨어진 목초액이 차 개자리 기능을 상실하게 된다. 이런 이유로 방수를 하지 말라는 것이다. 시간이 가면 자연적으로 그을음과 목초액에 의하여 방수가 된다.

만약 굴뚝 자리가 물이 나는 습한 지역이라면 항아리나 고무통을 묻어두어도 된다. 이럴 때는 굴뚝 하부 지면 높이에 작은 바가지가 들어갈 수 있는 크기로 쉽게 여닫을 수 있는 청소구를 만든다. 청소구는 물론 청소 굴뚝 내부를 청소할 때 쓰이지만, 저기압일 때나 어쩌다 불을 때는데 굴뚝으로 연기가 못 올라갈 때 이 청소구를 열면 연기가 빠져 나온다. 또한 습이 많은 지역 높은 굴뚝도 처음에는 길을 못 찾으므로 이때도 같은 방법으로 열어주면 효과적이다. 아궁이에 불이 붙어 열기가 팽창하면 그때부터는 굴뚝으로 연기가 잘 빠져 나가게 된다.

굴뚝개자리에서 굴뚝을 세우기 위해서는 공간을 좁혀야 하는데, 보통 바닥에서 1m 높이나 방바닥 높이에서 굴뚝이 세워질 수 있도록 하면 된다. 좁히는 방법으로는 조적 시 좁히면서 올라가는 방법과 철근을 이용해 콘크리트나 돌판으로 좁히는 방법이 있다.

굴뚝 자재로는 PVC 재질의 PE관, 파형관, 스테인리스 관, 아연판, 기와, 옹기, 자연석, 치장석 등 종류가 다양하며, 관의 직경은 150~200㎜ 가 적당하다. 굴뚝이 넓으면 바람이 여류할 수 있고, 발생하는 연기의 양에 비해 나가는 공간이 크면 압력이 약해 연기가 힘없이 흐느적거리며 올라간다. 따라서 아궁이 크기에 따라 조절하는 것이 중요하다.

굴뚝에는 낮은 굴뚝과 높은 굴뚝이 있다. 높은 굴뚝은 지붕 처마선보다 1m 정도 올라가는 것이 좋다. 옛날에는 가래굴뚝이라 하여 고래개자리에서 바로 밖으로 나오게 하여 집 주변 벌레를 퇴치하는 용도로 쓰기도 했는데, 굴뚝이 너무 낮으면 온 집안이 연기로 인해 검게 그을리게 된다. 당시에는 다른 대안이 없었기 때문에 그러려니 하고 사용했으리라 보지만, 현대는 문화의 변화에 따라 주변의 환경과 시선을 의식하지 않을 수 없다.

굴뚝은 높을수록 불기운을 당기는 힘이 좋으나, 너무 빨아 당기면 열 손실이 많이 날 수 있고 관리하기가 힘들다. 따라서 특별한 이유가 없다면 굴뚝 높이를 적당히 높이되, 불을 지핀 후 빨아 당기는 힘이 모자랄 때 굴뚝 높이를 조절하는 것이 좋다. 굴뚝을 낮게 했더라도 고래개자리와 굴뚝개자리를 적당히 깊게 파 제대로 만들었다면 낮은 굴뚝에서도 불이 잘 들어간다.

굴뚝을 가지고도 여러 가지 말이 많다. 굴뚝은 그

집의 이미지를 만드는 상징물이기도 하기 때문에 건물 구조에 맞춰 꾸미다 보면 비용이 만만치 않게 들어가는 경우도 있다. 굴뚝 끝에는 비바람을 막기 위한 장치를 하는데, 원형 파이프 관으로 굴뚝을 만들었을 경우 대개는 끝부분에 갓을 씌운다. 비용은 형태와 재질에 따라 1만 원부터 다양하다.

모양 따지지 않고 그저 불이 잘 들어가고 방이 따뜻하기만을 원한다면 흡출기를 다는 것도 좋은 방법이라고 생각한다. 흡출기는 전기모터를 이용해 강제로 습기와 연기를 뽑아 올려 불이 잘 타도록 도와주는 기구다. 꼭 필요한 기구인데도 불구하고, 일부 사람들은 흡출기를 달면 엉터리라고 하거나 구들을 놓을 줄 모른다고 한다. 하지만 이것은 잘못된 생각이다.

불을 알려면 물과 바람을 알아야 하며, 그래야 구들을 다스릴 줄 안다고 생각한다. 우리가 자연이 주는 혜택과 문명이 주는 혜택을 누릴 줄 모른다면 어느 누가 문명시대에 산다고 하겠는가? 필요에 따라 문명을 잘 활용하는 것이 지혜로운 삶이 아닐까 생각한다.

구들장 놓기

구들장으로 쓰는 돌 종류에는 여러 가지가 있지만 요즈음은 주로 화강암, 점판암, 운모, 현무암 등이 많이 사용된다. 휨강도는 30~60kg/㎠, 비중은 0.78~1.37, 흡수율은 1.2 정도가 좋다고 한다. 돌마다 특성이 있기 때문에 꼼꼼히 따져 견고한 돌을 선택하는 것도 지혜다.

구들장으로 쓸 돌은 자연 상태에서 결이 만들어진 것이 열에 강하며, 가공한 활석(큰 돌을 필요한 규격에 맞춰 자른 것)은 강도가 약하다. 구들장으로 좋은 돌은 운모석이나 가격이 비싸고 구하기도 쉽지 않다. 운모석은 돌이 유연하여 잘 터지지 않을 뿐 아니라, 우리 몸에 유익한 성분들이 많이 함유되어 있어 열을 받으면 거기서 나오는 원적외선으로 인해 몸이 치유되는 효과도 볼 수 있다고 한다.

좋은 돌을 가리는 기준으로, 첫째는 잘 안 깨지고 열에 강해야 한다. 하지만 그런 돌을 구하기가 쉽지 않다. 구들돌은 자연적으로 결이 만들어진 것이 독립된 힘을 가지고 있어 좋다고 하나 요즘은 자연석 구하기가 쉽지 않다. 국내석으로 청석(점판암)이 조금씩 생산되고 있으며, 화강암이나 현무암, 청석 등이 수입되어 늘어오고 있다.

구들돌을 열 실험한 결과 너무 강하면 터지기 쉽고 약한 돌은 열에 견디는 편이나 오래가지 못한다. 청석 중에 수입 청석은 너무 강하여 구들로는 적합하지 않고, 국내 광산에서 나오는 청석 일부 제품과 현무암(화산석)이 그나마 쓸 만한데, 강한

(산소) 열을 가해도 터지지 않지만 녹아내리면서 결이 일어나는 현상이 나타난다. 화강암은 자연적으로 형성된 판석이 아니면 열에 약하다. 판석한 돌 중 수입 현무암이 열에 강해 구들돌로는 적합하다고 판단된다. 수명이나 작업성을 고려한다면 현무암이 손쉽게 구할 수 있고 가격도 저렴하다.

간혹 옛날에 사용하던 구들을 다시 사용하는 모습을 볼 수 있는데, 옛날 구들을 사용하려면 관리를 잘해야 한다. 비나 햇빛을 피해 잘 보관해야 하는데, 내부 터널 속에서 열을 받고 있던 돌이 비와 햇빛을 받은 다음 다시 열을 받으면 산화되어 빨리 깨질 수 있기 때문이다.

구들장을 놓을 때는 두껍고 큰 돌로 아랫목(불목)부터 놓는다. 그 다음 고래개자리 위를 덮은 다음 아랫목에서 윗목을 보고 마감해 올라간다.

구들장을 놓을 때는 고임돌 위에 반죽한 황토를 올려놓고 구들장을 올려야 구들장 수평 높낮이가 조절되면서 안전하게 정착하게 된다.

구들장을 덮고 나면 구들장 중심부에 올라서서 뛰면서 안전하게 정착시킨다. 돌이 흔들리지 않게 움직이는 곳이 있다면 쇄석으로 고인다. 고임돌은 구들장과 구들장이 만나는 곳에 반반씩 물리도록 고여 주는 게 제일 좋다. 구들장을 놓고 나면 고임돌 위에 올린 흙이 고래 사이에 떨어질 수 있는데, 고임돌과 바닥에 떨어진 흙은 잘 긁어내야 고래가 막히지 않는다.

앞에서 고임돌(고래뚝)을 만들어 놓았기 때문에 고래 크기에 맞게 구들장을 덮고 구들장과 구들장 사이 뜬 곳에는 사춤을 해야 한다. 이때는 황토에 모래를 1:1 비율로 섞어 사춤하게 되면 1차적으로 연기 새는 곳을 막을 수 있다. 사춤할 때 황토 반죽은 너무 질게 배합하는 것보다 수제비 반죽하듯 되직하게 배합하여 내리치듯 때우면 수축현상이 적게 가기에 2차 손질을 피할 수 있다. 그렇지 않으면 수축으로 인해 2차 손질을 해야 하는 번거로움이 발생하게 된다.

● 사춤하기

구들 위 부토
채우기

초벌 황토 미장하기

사춤이 끝나고 나면 깊은 곳부터 자갈층을 깔아 주는데, 마감선 50㎜ 정도만 남겨 놓고 최대한 많이 깔수록 좋다. 기능성 돌로 맥반석, 운모, 게르마늄 등 다양하게 있는데, 내 몸에 맞는 돌을 선택해 깔아주면 효과가 좋다. 자갈은 축열 기능이 있어 공기층을 만들어 열을 오래 머금고 천천히 내뿜는 역할을 하기에 열을 오래 유지하는 방법으로 최상이다. 그 후 나머지 공간에 자연 상태의 마른 황토로 평탄하게 고름질을 한다.

바닥 마감을 정교하게 하기 위해 천장이나 하인방에서 수평선을 잡아 사면에 먹줄을 친다. 바닥을 평탄하게 고름질 한 후 잘 밟아 다지고 볏짚이나 규사가 배합된 황토로 30㎜ 정도 초벌을 바른다. 고름질 할 때 마른 흙을 다지는 것은 초벌로 바른 황토의 물기를 빨아 먹어 빠른 건조를 돕기 위함이며, 만약 질게 비벼 바르게 되면 수분이 증발하는 만큼 수축이 발생하면서 균열이 많이 가게 된다. 황토 배합 시 수분 함량은 벽을 미장할 때와 같은 정도면 적당하다. 초벌 바르기가 끝나면 불을 지펴 방을 말리는데, 첫불은 아궁이 하나 정도로 하되 약하게 지피고, 그 다음은 돌이 열을 머금을 정도로 연료를 조금씩 늘려나가는 것이 좋다.

방 말리기

불을 때면서 방을 말릴 때 구덕구덕 말라갈 쯤에 왕소금을 1되 정도(4평 기준) 골고루 뿌려놓고 바닥이 평평한 신발을 신고 말라가는 곳부터 밟아주면 소금이 습을 만나면서 염수를 품어내어 황토를 적셔주게 된다. 염수가 나오면서 건조를 지연시키는 역할을 하기 때문에 빨리 마르지 않아 밟는데 도움을 주며, 건조 후 강도 또한 강해진다.

바닥을 잘 밟아줌으로써 건조 후 수축으로 인한 균열을 방지할 수 있는데, 시간

을 투자하는 만큼 균열을 줄일 수 있다. 가장 수축이 많이 되는 곳은 벽과 만나는 가장자리기 때문에 돌아가면서 잘 밟아줘야 한다. 마감 재벌 작업은 다른 공정이 끝나고 방이 70~80% 건조된 후에 하는 것이 좋다.

연기 새는 곳 잡기

초벌 황토 마감 후 첫불로 말릴 때 갈라진 틈으로 연기가 나오게 된다. 이때 고무 망치로 균열이 긴 곳을 두드리면 다져지면서 연기가 잡힌다. 연기 새는 곳을 잡는 수고를 줄이려면 구들을 놓고 나서 거미줄을 칠 때 황토와 생석회, 모래의 비율을 1:0.5:2로 혼합하여 되게 비벼 구석과 취약하다고 생각되는 바닥을 메운 후 초벌 바르기를 하면 1차적으로 70~80%의 연기를 잡을 수 있다.

2차로 연기를 잡을 때는 고무망치나 중해머로 다지고 물과 풀물을 바닥에 칠한 뒤 배합한 황토로 바닥 두께만큼 메우고 그 자리에 균열이 가지 않도록 마른 황토 가루를 뿌려서 빠르게 건조시킨다. 이렇게 하면 대부분의 연기는 잡을 수 있다. 1~2% 정도의 미세한 연기는 바닥이 완전히 마른 후 황토 풀물로 새 칠을 해주면 모두 잡힌다.

황토는 계속 다지면 수축이 일어나지 않지만, 수축이 일어나는 데는 몇 가지 원인이 있다. 수분이 많을 때, 빠르게 건조될 때(바탕에서 급하게 빨아 당길 때), 열이나 햇빛을 급하게 받을 때, 바람이 많이 부딪힐 때 등이다.

연기는 물이나 바람과 같아서 공간만 있으면 압력에 밀려나게 된다. 이때 보이는 곳은 잡기가 쉽지만 기둥 옆이나 문틀 밑에서 새어나오는 연기는 잡기 힘들다. 문틀 밑은 손가락이 들어갈 수 있도록 밑으로 홈을 파고 풀물을 칠하면서 황토를 조금 질게 눌러 바른 다음 마른 황토를 바른다. 이렇게 바르고 말리기를 반복하면 문틀 밑은 잡힌다. 기둥 옆이나 하인방이 만나는 곳도 같은 방법으로 처리하면 연기를 잡을 수 있다.

방바닥 황토 미장하기

구들장을 덮고 쇄석을 끼우면서 거미줄을 치고 틈새를 사춤할 때 외벽과 만나는 가장자리 부분은 강도와 경화성이 있는 황토(생석회+황토+모래)로 수축이 가지 않도록 사춤을 한다. 아랫목 깊은 쪽은 자갈층으로 최대한 사춤을 한 후 마감 미장을 할 20㎜ 정도를 남겨놓고 부토를 덮고 황토와 기능성 규사를 혼합해 수평으로 고르며 초벌 미장을 한다. 초벌 미장이 끝나고 바닥이 70~80% 건조된 후 마감 미장을 하는데, 시대의 흐름에 따라 여러 가지 방법이 시공되고 있다. 마감 미장 방식은 자연황토 마감, 제조황토 마감, 혼합식 마감 등 다양하다. 미장에서 제일 중요한 3대 요소는 배합, 습윤, 부착이다.

방법 1 : 자연황토, 규사, 풀물, 여물의 비율을 1:1:0.1:0.5로 배합하여 되게 비벼 미장한다.

방법 2 : 균열을 줄이는 방법으로, 황토와 규사 1:1에 약간의 풀물을 배합하고(여물은 쓰지 않음) 마지막에 화이바글라스 망을 치는 방법으로 시공하면 균열이 생기지 않는다.

바닥 미장은 수분이 빠지고 3~4시간 후 한 번 더 칼질을 히면 칼자국과 2차 균열까지도 잡을 수 있다. 황토 배합물은 최소 24시간 이상 숙성시킨 후 사용하는 것이 좋다.

첫째 시공 방법으로, 먼저 바닥에 물을 뿌리고 균열이 간 곳은 마른 황토를 뿌려 빗자루나 장갑을 낀 손으로 메운 후 풀물을 다시 바른다. 그 다음 배합한 황토에 물을 약간 부어 팥죽처럼 질게 해서 최대한 얇게 문지르면서 발라주고 마감선에 맞추어 미장을 하게 되면 접착이 잘 된다.

둘째 시공 방법으로, 20㎜ 마감선을 남겨두고 부토층을 거친 입자의 규사로 평평하게 고른 후 단단하게 다짐을 하고, 바닥이 젖도록 물을 충분히 뿌린 후 다지면서 잣대나 각목을 이용해 고름질을 한다.

미장 칼질을 하기 좋을 정도로 배합된 모르타르를 외각부터 수평으로 한 바퀴 돌면서 잣대를 가지고 면 고르기를 하고, 나무칼이나 플라스틱칼로 재차 고름질을 한 후 화이바글라스 망을 바닥 가장자리에 맞춰 깔아준다. 깔면서 미장칼로 눌러 바닥에 밀착시키면서 전체 마감을 한다.

화이바글라스는 타지도 썩지도 않은 유리섬유로, 바닥 미장 시 설치하면 순황토의 균열을 방지하고 바닥이 마르면서 강도도 증가한다. 망을 누를 때는 바닥에 약간 매입되도록 눌러주는 게 중요하며, 균열을 완화시키려면 미장을 하고 2~3시간 후 바닥 고름질을 하여 균열을 보완하고, 다시 미장 칼질을 하면 바닥이 깔끔한 상태가 된다.

황토 미장과 회벽 미장(내벽, 외벽)

황토 속에는 석영, 장석, 운모, 방해석 등이 들어있어 철분과 함께 산화작용을 하여 황색, 자색, 적색, 회색, 미녹색, 흑색 등 다채로운 색상을 띤다. 광물 비율을 보면 석영 60~70%, 장석과 운모 10~20%, 탄산염 광물 5~35%, 그 외 2~5%의 실트(황토)로 구성되어 있다. 실트는 각섬석, 인회석, 흑운모, 녹니석, 남정석, 녹렴석, 석류석, 휘석, 금홍석, 규

● 황토는 보온덮개로 덮어 햇빛을 차단한 채로 오래 숙성시킬수록 좋다.

선석, 십자석, 전기석, 지르콘 등 중광물들로 구성되어 있다.

지구상에 존재하는 60가지가 넘는 흙 중에 건축용으로 쓰는 흙은 황토, 적토, 점토, 백토, 마사토 등으로 색상과 입자에 따라 제각기 다른 이름을 가지고 있다. 이 중에서 제일 우수한 것이 황토다. 옛날부터 누른색의 황토는 약흙이라 하여 최고로 쳤다. 요즘에는 황토와 적토를 구분하지 않고 적토를 황토라고 표현하고 있다.

흙을 입자 크기로 나누면 $0.02mm$ 이상을 조사, $0.2\sim0.02mm$를 세사, $0.02\sim0.002mm$를 실트(황토), $0.002mm$ 이하를 점토라고 한다(점토광물은 일라이트, 몬모릴로나이트, 카올리나이트 능 자연 상태에서 이런 입자 크기를 가진 광물을 말한다). 색상으로 보면 백토는 철분이 함유되지 않아 하얗고, 황토는 퇴적 과정에서 자연색을 띠고, 적토는 철분 함유량에 따라 진하고 연한 차이가 난다. 마사토는 아직 퇴적이 덜된 상태로 보면 되고, 점토는 연회색으로 도자기나 옹기용으로 많이 사용하고 있다.

황토의 화학적 성분을 분석해보면 실리카 $50\sim60\%$, 석회 8% 이내, 알루미나 $8\sim12\%$, 산화마그네슘 $2\sim6\%$, 산화철 $2\sim11\%$, 이산화티탄 0.5%, 산화망간 0.5%, 나트륨과 마그네슘 각 0.2%, 칼리 1.5% 등 많은 성분들이 들어 있다. 황토 속에 들어있는 효소는 1,300여 종류로 그 중 활성효소는 50여 종이다. 황토는 공극률이 큰 실리카, 알루미나, 산화철 등으로 구성되어 산화칼슘에 의해 느슨하게 굳어지는 성질이 있다.

※황토는 생명력, 해독력, 흡수력, 자정력 등을 가지고 있으며 열을 가하면 원적외선을 방출한다. 원적외선은 인체의 혈관을 확장시켜 근육통을 비롯해 각종 통증을 완화하며, 성인병을 예방하고 세포조직을 활성화해 생명활동을 증진시킨다. 이렇듯 황토는 다양한 작용으로 건강한 삶을 유지시켜주는 데 없어서는 안 될 유익한 물질이다. 또한 황토는 다공질 구조로 되어 있어 방음과 단열 효과도 좋으며, 습도조절 능력도 $20\sim25\%$ 정도라고 한다.

※ 황토는 원적외선을 받으면 다음과 같은 작용을 한다.
① 인체 내부의 수분을 조절해주는 건습작용
② 체온을 적정하게 유지시켜주는 온열작용
③ 생물이나 인체의 성장을 족진시켜주는 숙성작용
④ 인체 내부의 영양을 분해하며 대사기능을 도와주는 공명작용
⑤ 인체 노폐물의 배설을 촉진시키고 냄새를 중화하는 중화작용
⑥ 영양 밸런스를 유지시켜주는 이온작용

초보자를 위한 황토 미장

황토 미장은 시공자마다 자기의 방법이 최고라고 생각하는 경향이 있다. 자연황토는 원래 균열이 많이 생기는 소재인데, 원인은 다공질 광물로 기공 속에 차있던 물이 증발하면서 균열이 일어나는 것이다. 누구나 고효능, 고기능에 강도도 좋고 균열이 잘 생기지 않는 바닥을 원할 것이다. 하지만 현실적으로는 효능보다 시공의 편리함 때문에 시멘트를 선호하게 된다. 시공 방법이야 사용자가 선택하는 것이지만, 황토의 효과를 제대로 맛보고 싶다면 자연황토 그대로 미장을 해보는 것이 좋다. 한마디로 자연 흙은 습도 조절과 공기 정화 능력만 보더라도 찾고 싶은 소재다.

황토 미장을 하려면 흙의 성질을 제대로 알고 기본적인 배합 방법을 이해하는 것이 중요하다. 기본적인 자재들이 준비되어야 하는데, 맨 먼저 미장을 위한 흙이 필요하고 그 다음은 균열을 잡아주고 흙의 이탈을 막아주는 규사라는 모래가 있어야 한다. 그리고 바탕과 부재 간의 접착을 도와주는 접착풀이 있어야 하며, 부재와 부재 간 연결고리 역할을 해주는 여물이 있어야 한다.

먼저 흙은 황토나 적토를 구하고, 규사는 일반 규사(모래)와 기능성 규사를 구한다. 접착제에는 식물성 · 동물성 · 광물성 · 화학성이 있으며, 여물은 볏짚 · 수사 · 면사 · 피바(나무가루) · 제지 등이 있다. 일반적으로 주변에서 구하기 쉬운 자재를 선택하는 것이 좋다.

배합 방법

흙은 황토나 적토를 구하여 손바닥에 놓고 꼭 쥐었을 때 세 덩어리 이내로 뭉쳐지면 흙과 모래를 1:2의 비율로 배합하고, 세 덩어리 이상이면 1:1로 배합한다. 접착풀은 손으로 만졌을 때 약간 끈적거리면 된다. 풀 종류에 따라 점질 조절을 하는데, 판매점에서 점도를 알 수 있을 것이다. 여물(마, 부산물, 수사)을 선택하고 흙 1

㎥에 2.5㎏ 정도 배합하면 적당하다.

황토 미장에서 중요한 3대 요소

①배합

흙은 덩어리가 풀리지 않으면 시공 후 부풀어 오르는 성질이 있다. 또한 숙성이 되지 않으면 균열이 많이 발생하며, 강도가 약하고 부착력이 떨어진다. 이런 문제점을 보완하기 위해 미장할 흙을 5㎜ 이하의 체로 거르고 하루 이상 숙성시키는 게 중요하다.

②습윤

아무리 배합이 잘 되었다 하더라도 습도가 맞지 않으면 부실공사의 원인이 된다. 습이 너무 많으면 처짐 현상이나 균열이 많이 발생하고, 습이 적으면 부착이 잘 안 되고 들뜨는 현상이 나타나서 시공 후 분리되기도 한다. 미장판에 올렸을 때 흘러내리지 않고 멈춰 있으면 적당한 습윤 상태라고 할 수 있다.

③부착

적당한 습도에 잘 배합되었다 하더라도 시공자가 부착을 시키지 못하면 아무런 의미가 없게 된다. 시공자는 바탕에 따라 시공 방법을 잘 선택해야 하는데, 먼저 바탕을 깨끗이 청소하고 구멍이나 홈을 메운다. 바탕에 따라 망(화이바글라스)을 칠 곳과 안 칠 곳을 구분한 후 정교하게 잘 치고, 바탕에 풀칠을 하고 흡수 상태를 점검한다. 한 번에 원하는 두께로 바르기보다 나누어 발라야 한다.

※황토 미장에서 바탕 풀칠은 생명과도 같다. 풀칠을 안 하려거든 황토를 바르지 마라.

미장용 자연황토 배합 방법

황토는 5㎜ 이하 채로 거르고 황토, 규사, 여물, 접착풀(액상기성품) 비율을 1:1:0.1:0.3으로 하여 잘 교반하고 하루 이상 숙성시켜둔 다음 바탕의 종류에 따라 시공 방법을 선택해야 한다.

황토벽돌 바탕일 때

바탕에 난 흠집을 정교하게 모두 메운 후 전체 바탕의 먼지를 깨끗하게 닦고 롤러나 붓으로 풀칠을 한다. 미장 두께를 10㎜로 볼 때, 벽돌 바탕이 안 보이게 5㎜로 초벌 미장을 한 다음 다시 5㎜로 재벌 미장을 하고 마무리한다. 두껍게 바르려면 한 번에 바르는 것보다 나누어 바르는 게 균열이 적게 생긴다.

문틀 옆이나 기둥 옆은 수축이 갈 수 있기 때문에 미장 전에 백업제나 실링제로 잡아준 다음 미장 바름을 하고, 바탕 마무리를 할 때도 목재와 만나는 곳은 칼 뒤끝으로 눌러주면서 마무리를 한다. 이런 방법으로 벽체시공을 하면 부착력이 좋고 균열이 생기지 않는다.

※우리의 선조들은 나무와 벽이 만나는 곳에 새끼를 꼬아 테두리를 돌린 다음 마감을 하였다.

합판 바탕일 때

황토미장에서 풀칠은 조건 없이 해야 하며, 황토미장을 하면서 풀칠을 안 하려면 황토를 바르지 말라고 할 정도로 풀칠이 중요하다.

합판은 습기에 약하다. 습기가 있으면 이를 흡수해 팽창했다가 마르면서 수축하는데, 망을 치지 않으면 바탕을 밀어버리기 때문에 꼭 망을 쳐야 한다. 철망은 건조 과정에서 녹물이 나올 수 있기 때문에 주의해야 한다. 황토와 적합한 망은 유리섬유 망이다. 타지도 썩지도 않아 좋기는 하지만, 철망(메탈라스)처럼 관경이 넓은 제품이 없는 것이 아쉽다. 망은 관경이 8㎜ 이상 되는 것을 사용하는 것이 좋다. 바르는 면적보다 망의 면직이 많아지면 망 사이로 부착면적이 적어 황토가 정착하기 어려워 자칫 벽면에서 탈선하여 하자의 원인이 될 수 있다. 망은 에어건이나 잔 아연 못으로 고정하되 15㎜ 내외로 잘 박아주는 것이 좋다.

※초벌 미장은 부드러운 황토를 풀물과 섞어 얇게 밀착시켜 빠지지 않도록 바르고, 70~80% 정도 마른 뒤 재벌 바르기를 하는 것이 좋다. 건조되지 않은 상태에서 미장 바름을 하면 흘러내릴 수도 있다.

기존 벽 황토 미장 자재 내역(두께 10㎜)

면적 (평)	구분	시공면적 (㎡)	시공자재	소요량 (25㎏)	부자재	기타
2	천장(㎡)	6.6	본타일	1통	접착풀 : 4말 화이바글라스 : 7m 규사와 황토 1:1 (황토 수량에 포함)	천장은 3㎜ 이내
	벽(㎡)	22	황토	17포		
	바닥(㎡)	6.6	황토	5포		
3	천장(㎡)	9.9	본타일	2통	집착풀 : 6말 화이바글라스 : 10m 규사와 황토 1:1 (황토 수량에 포함)	천장은 3㎜ 이내
	벽(㎡)	31	황토	24포		
	바닥(㎡)	3.9	황토	8포		
4	천장(㎡)	13	본타일	3통	접착풀 : 6말 화이바글라스 : 13m 규사와 황토 1:1 (황토 수량에 포함)	천장은 3㎜ 이내
	벽(㎡)	39	황토	30포		
	바닥(㎡)	13	황토	10포		
5	천장(㎡)	16	본타일	4통	접착풀 : 8말 화이바글라스 : 16m 규사와 황토 1:1 (황토 수량에 포함)	천장은 3㎜ 이내
	벽(㎡)	48	황토	36포		
	바닥(㎡)	16	황토	13포		

※벽체 면적은 바닥 면적의 3배 적용.
※자연황토는 건조가 늦고 균열이 발생함.

평(3.3㎡)당 부분별 황토 미장 시공비

(2010년 10월 기준)

작업내역	견적가(평)	시공범위	공통사항
1cm 두께 미장	500,000원	천장, 벽, 바닥	※1차 미장을 원칙으로 시공비 적용
2cm 두께 미장	750,000원	천장, 벽, 바닥	
3cm 두께 미장	1,000,000원	천장, 벽, 바닥	천장 : 본타일(두께 3㎜ 이내) 벽체 : 황토(제조황토, 순황토) 중 선택 바닥 : 황토(제조황토, 순황토) 중 선택
천장(㎡)	총금액 50% 적용	벽체	
벽(㎡)	총금액 25% 적용	천장	
바닥(㎡)	총금액 25% 적용	바닥	

※적용 범위
1. 벽체 : 출입문, 창문 제외
2. 도배지 : 부착물, 제거
3. 식물성 풀, 화이바글라스, 규사 포함
4. 운임비 포함 : 근거리 및 자재 중량 3톤 이하

※기타 사항
1. 부가세 별도
2. 폐기물 처리비 별도
3. 운임비 별도 : 근거리 및 자재 중량 3톤 이상, 소운반
4. 기타 철거 및 정리 비용 별도(마루판, 배관, 살림도구 등)

회벽 미장

회벽 미장은 우리 한옥에서 많이 사용했던 마감 방법으로, 현대에 와서 시멘트와 페인트 제품이 활개를 치게 되자 회벽은 점점 사양화되었다. 또한 회벽을 시공하던 기술자들이 점차 세상을 떠나다 보니 백의민족을 상징하며 집을 밝게 비추던 회벽이 우리의 뇌리에서 점점 잊히면서 시공자 찾기가 보통 어려운 게 아니다. 60세 정도의 오래된 미장공에게 회벽에 대해서 물으면, 옛날 어른들이 바르는 것을 많이 보았다고는 하면서도 정녕 자신은 배합 방법도 잘 모를 뿐 아니라 회벽과 회사벽의 구분도 제대로 하지 못하는 실정으로, 숙련된 기능자를 찾기가 쉽지 않다.

회벽 미장을 위한 재료

①소석회 : 1급(2급은 거름용이며 색상도 어둡다)

②수사 : 마(마닐라로프의 부산물)

③풀 : 해초풀이나 식물성 풀 등

회벽 배합 비율 및 방법

– 소석회 20kg/포, 수사 100g, 풀(해초풀 2kg, 식물성 가루풀 200g)

먼저 소석회를 부은 다음 수사를 대나무 회초리 5개 내외로 묶어 비스듬히 치면서 엉킨 것을 풀어준다. 해초풀 2kg을 솥에 넣고 물을 30리터쯤 부어서 푹 곤다는 마음으로 센 불로 끓이다가 나중 끓어 넘치기 시작할 때 솥뚜껑을 열어놓고 약한 불로 끓이면 되는데, 이때 다시 넘치려고 하면 나뭇가지 등으로 저어주면 된다. 해초풀은 완전히 말린 것을 넣었기 때문에 끓으면서 부풀어 올라 작은 솥은 넘치게 된다. 솥을 정할 때 내용물을 넣은 뒤 30% 정도 공간이 남아 있어야 끓으면서 부풀어도 많이 넘치지 않는다.

해초풀이 다 끓으면 손으로 만졌을 때 끈적거리는 점성을 느낄 수 있는데, 많이 끈적일수록 작업성이 좋다. 다 끓은 해초풀은 모래를 거르는 채(5㎜ 이내의 망)를 큰 대야(다라이) 위에 올려놓고 걸러 주면 된다. 걸러낸 건더기는 1차 때보다 물을 반 정도만 붓고 재탕해서 쓸 수도 있다.

걸러낸 해초풀물을 배합통에 넣고 풀어둔 수사를 조금씩 넣으면서 잘 저은 뒤 소석회를 부으면서 수사가 엉키지 않게 다시 한 번 섞어주면 반죽이 잘 된다. 요즘 일부 업체에서는 수사를 50㎜ 이내로 잘라 판매하기도 한다. 식은 팥죽 정도의 점도를 유지히도록 배합하면 되는데, 작업성에 맞게 마른 횟가루와 풀물로 조절한다. 회반죽은 물기만 유지되면 오래 두어도 굳지 않는다. 하루 이상 숙성할수록 작업성이 좋다. 회벽은 공기 중에서 탄산가스와 만나면 경화한다고 한다. 즉 마르면서 굳는 것이다.

미장 두께는 2㎜ 이내가 좋으며, 두꺼우면 처지는 현상이나 균열이 발생할 수 있고, 너무 얇으면 바탕 면이 노출될 수 있으니 작업하면서 조절해야 한다. 작업 바탕은 황토벽이나 시멘트벽, 합판, 석고 등인데, 바탕이 단단할수록 좋다. 준비된 풀물을 바탕에 롤러나 붓으로 바른 뒤 시공해야 하며, 홈과 같이 깊은 곳은 미리 단단하게 평면을 만든 후 마감하는 게 좋다.

해초풀 대신 사용하기 편리한 식물성(고구마나 감자 전분) 가루풀을 사용할 수도 있는데, 이 가루풀은 기성품으로 미리 만들어져 있으므로 찬물 1말(18리터)에 300g 정도 넣고 잘 저어 사용하면 해초풀과 같은 효과가 있다. 배합 방법은 해초풀과 같이 하면 된다. 그리고 회벽을 바르고 난 후 균열이 발생하면 완전히 건조되기 전에 풀물을 바르고 회반죽을 약간 찍어서 미장칼로 칼질을 해주면 된다.

※주의 : 마른 상태에서 칼질을 무리하게 하다 보면 벽면이 철분으로 오염될 수 있으므로 물기가 있는 상태에서 손질하는 것이 좋다.
※석회의 5가지 형태
①탄산칼슘(석회석) ②중탄산칼슘(용액) ③산화칼슘(생석회) ④액상의 수산화칼슘(석회수) ⑤고체 상태의 수산화칼슘(소석회)
※일반적으로 수온 상승, 백화현상, 적조현상 등은 모두 석회가 주원인이다.

회사벽의 미장 재료는 1급 소석회와 모래, 풀물이다. 회사벽은 회벽과 달리 수사가 빠지고 모래가 들어가서 바탕을 잡아주는데, 바닥은 풀물 없이 맹물로 배합해도 무방하나 강도와 결합성이 필요하다면 풀물을 회벽 배합 양의 2분의 1 정도 넣어주면 된다.

생석회 다짐

생석회는 자연 상태에서 채취한 석회석 원석(탄산칼슘)으로, 도자기 굽는 것과 같이 825도 이상으로 장시간 구워 석회석 원석에 포함된 이산화탄소를 날려 보내고 석회 성분만 남게 하여 건조 상태에서 부셔 낸 가루다. 그 가루에 아무것도 섞지 않았다고 해서 생석회라고 한다.

석회석을 적정 온도(1200~1300도)로 가열하면 탄산가스를 발생하면서 생석회가 되는데, 여기에 물을 가하면 200도의 열이 발생하면서 소석회가 된다. 생석회는 황토와 만나면 시간이 갈수록 강해져, 오랫동안 보존되어야 하는 바닥이나 기와지붕 속에 주로 사용한다. 시멘트가 없던 시절 생석회로 기초를 하였으며, 요즘도 시멘트를 쓰지 않는 곳은 생석회 다짐 공법으로 시공하고 있다.

생석회 다짐은 생석회(20kg/포), 모래, 자갈을 1:3:3 비율로 배합해 초벌 다짐을 한다. 비빔 방법은 된 비빔을 한다. 마감으로 칼 미장을 하려면 생석회(20kg/포)와 모래를 1:2 비율로 배합하고 두께는 20㎜ 이내로 하여 칼질만 할 수 있는 된 비빔으로 하는 게 좋다. 두껍거나 묽은 비빔을 하게 되면 균열이 많이 발생한다. 칼질 시 약간 힘이 들더라도 된 비빔이 2차 손질을 할 필요가 없어 좋다. 한편 생석회 다짐은 배합비가 정확이 나와 있지 않아 현장에서 편리한 대로 선택해 시공하는 경우가 많다. 예를 들면 생석회 1에 중마사 5(강도를 원하면 백시멘트 1)를 첨가해 사용하기도 한다.

그 외 생석회는 덩어리와 분말이 있는데 현장 사용 시 분말을 사용하는 것이 더 효과적이다. 양생 시간은 시멘트보다 더뎌 바닥 시공 시 3일 정도는 밟지 않아야 한다.

※생석회 사용 시 주의사항
① 생석회에 물을 부으면 200도 정도의 열이 나는데, 석회의 양보다 물이 적으면 폭발 위험이 있으니 화상에 주의해야 한다. 배합할 때는 통에다 물을 먼저 붓고 생석회를 부어 교반하면 된다.
② 조금 묽은 비빔으로 한 후 마른 가루로 점도를 조절하면 된다. 만약 증기가 발생하면서 열기가 올라오면 물이 부족하다는 표시이므로 물을 첨가하던지 그렇지 않으면 빨리 자리를 피하는 것이 좋다. 물이 부족한 상태에서 증기가 올라오면 5분 내에 폭발할 수도 있다. 가능한 한 생석회 배합통은 넓은 것이 좋다. 열이 발생할 때 물이 부족하면 고무통을 녹이며, 반경 1m 이내에서 '퍽' 하는 소리와 함께 폭발이 일어나므로 화상에 주의해야 한다. 보통 시멘트에는 생석회와 석고가 많은 양을 차지한다고 한다.

부뚜막 만들기

부뚜막 솥 걸기

아궁이(부뚜막) 만들기와 불문 달기

아궁이(부뚜막) 만들기

옛날부터 선조들은 부엌(아궁이)을 만들 때 그 위치와 크기를 미리 생각하여 생활하면서 불편하지 않도록 여러 가지 규격과 방향을 정했으리라 본다. 아궁이를 만드는 데는 군불만 때는 함실 방법과 솥을 거는 부뚜막 방법이 있다. 군불용은 벽면에서 200㎜ 이상 이맛돌을 돌출시키는데, 이맛돌보다 100㎜ 이상 내려간 곳을 불문 상부로 보면 된다.

부뚜막은 솥 크기를 정한 다음 솥 지름보다 최소 250㎜ 이상 넓게 해야 한다. 솥을 걸 자리는 솥 몸통보다 50㎜ 여유 있게 벽을 쌓으면 된다. 이맛돌 위쪽과 불문 위쪽은 철근 토막으로 보강하고 모르타르로 잘 고정시킨다.

보통 불문(화구) 1개, 직경 13㎜ 이상에 길이 500~600㎜ 철근 토막 6개, 내화벽돌(함실 쪽만 100장 이내)을 준비한다(솥 자리를 잡을 때는 무거운 솥을 직접 움직이지 말고 뚜껑으로 솥 자리를 표시한 다음 뚜껑보다 30~50㎜ 정도 넓게 비워두면 된다).

서유구의 저서 《임원경제지》에 나오는 부뚜막 만드는 법을 보면 "길이는 일곱 자, 아홉 자로 하니 위로는 북두칠성을 본뜨고 아래로는 9주에 대응함이요, 높이는 석 자이니 삼재를 본뜬 것이요, 넓이는 넉 자이니 사시를 본뜬 것이다. 아궁이의 폭은 한 자 두 치니 12시를 본뜬 것이요, 두 개의 솥을 얹어놓은 것은 해와 달을 본뜬 것이요, 부엌 고래의 크기가 여덟 치인 것은 팔풍(팔방의 바람. 곧 염풍, 조풍, 해풍, 거풍, 요풍, 여풍, 한풍)을 본뜬 것이다."라고 하였다.

부엌에 대한 최초의 기록은 서기 3세기경 서진의 진수가 편찬한 《삼국지》의 〈위지ㆍ동이전ㆍ변진전〉에 나타나는데, "부엌은 대부분 집의 서쪽에 설치된다."고 나온다. 이것을 보면 "아궁이 자리는 바람이 시작되는 곳에 두라."는 말과 같기도 하다. 민속놀이 줄다리기에서 동쪽은 남성을 서쪽은 여성을 상징하는데, 방위에도 남성과 여성의 영역이 있었다고 볼 수 있다.

옛 선조들은 서북풍을 막아주고 햇살을 많이 받아들이는 남향집을 선호했다. 남향집일 경우 부엌을 서쪽에 두는데, 이렇게 하면 밥을 풀 때 주걱이 집 안으로 향하게 되어 있다. 즉 주걱이 집 안쪽으로 향하면 복을 불러들이고 그 반대가 되면 복을 쫓아내는 것으로 여겼다. 남향집일 때 부엌의 위치는 서남쪽이 된다. 조선시대 실학자 류중림의 《증보산림경제》에도 그런 내용이 잘 나타나 있다.

※한 방 두 아궁이인 경우 동시에 불을 때면 서로 세를 하여 반대편 아궁이로 연기가 나올 수 있다.

아궁이 불문 달기

아궁이에 불문을 다는 이유는 함실(아궁이) 안의 연료를 충분히 연소시키고 내부 열기를 함실 안에 오래 유지하기 위해서다. 만약 불문이 없다면 외부 바람의 유입으로 열기가 오래가지 못하고 방이 빨리 식는다.

불문에는 주물제인 기성품과 철제 주문형 제품이 있다. 보통 5㎜ 이상의 철판으로 만들어져 단단하지만 가격 차이가 있다. 문 크기는 마음대로 정할 수 있지만, 기성품은 15호(320×250㎜), 20호(280×380㎜)로 규격이 정해져 있다. 또한 주문형 불문은 벽체와 결합하는 요철이 있어 잘 고정되어 쉽게 빠지지 않지만, 기성품은 벽 쪽으로 붙는 날개가 작고 요철이 없어 아무런 장치 없이 끼워 놓으면 열로 인해 팽창과 수축을 반복하면서 불문이 빠져 나

기성문 피스 작업

 이맛돌 수평잡기

 불문 기초　　　　불문 수직보기

불문 수평보기

불문 고정

불문 마감

오게 된다.

불문을 구입하면 불문 안쪽에서 벽 방향으로 드릴로 구멍을 뚫어 50mm 철판 피스 못을 한쪽에 2개 이상 양 옆과 위 세 곳에 박아놓고 부뚜막 조적 시 단단한 모르타르로 잘 고정해야 한다. 철판문은 주문형으로 만들 수 있기 때문에 크기와 넓이, 요철 등을 얼마든지 조절할 수 있으며, 불문에도 공기구를 둘 수 있어서 편리하다. 문짝에는 보온을 위해 보호 모르타르를 발라주는 것이 좋다.

연료와 불 피우기

연료

우리가 사용하고 있는 나무나 우드칩 연료는 자신이 함유하고 있는 수분으로 인해 열량이 2000~2500kcal/kg 정도로 낮은 편이다. 그런데 유럽의 경우를 보면 우드칩을 사용하지 않고 목재 펠렛이란 연료를 사용하는데, 나무의 2배 이상인 4500kcal/kg의 열량을 낸다. 펠렛은 목재 폐기물을 파쇄·건조·압축하여 담배 필터 모양으로 제조한 것이다. 사용 후 재는 1% 이내며, 연료 부피는 나무의 1/3 정도다. 펠렛 사용으로 운송료 절감 효과가 있으며, 유럽에는 국가 에너지로 펠렛을 20% 이상 사용하는 나라도 있다고 한다.

우리는 현실에 맞고 주변에서 손쉽게 구할 수 있는 연료를 선택하는 것이 현명하리라고 본다. 땔감 연료는 가능한 한 마른 나무를 사용해야 된다. 굴뚝에서 연기가 많이 나는 것은 나무가 젖어 있거나 내부에 습이 많아 생기는 현상이며, 마른 나무를 때거나 내부에 습이 없다면 연기는 많이 나오지 않는다.

아궁이는 '궁'이라 위험의 상징으로 태울 수 있는 것은 몽땅 태워버린다. 신선한 궁을 아무것이나 태우는 소각장으로 착각하지 말고 연료를 잘 분리해서 태워야 온돌의 따뜻함과 기능적인 효과를 동시에 느낄 수 있다.

또한 나무가 연소되면서 일산화탄소를 내뿜게 되는데, 나무에 따라 독성은 다양하며 젖은 나무일수록 독성이 더욱 심하다. 늙은 밤나무는 거품을 내면서 신경성 가스를 내뿜기 때문에 위험하며, 비닐이나 합판, 인테리어용으로 쓴 본드 묻은 나무 등을 연료로 쓰게 되면 포름알데히드 유기성 화합물이 타면서 머리 통증을 호소하게 된다.

일반적으로 보면 아궁이를 만들어 사용하면서 소각장으로 착각해 마당이나 집안에서 발생하는 쓰레기를 태우는 모습을 볼 수 있는데, 독성을 생산하는 원인이 되기 때문에 쓰레기는 태우지 않아야 한다. 합판은 생산 시 방부방충의 목적으로 약물을 뿌리기 때문에 특히 삼가야 된다. 인테리어를 새로 한 집이나 가게에 들어갔을 때 눈이 따가운 것은 바로 방충·방부제의 영향으로 보면 된다. 또한 합판을 만들 때 접착용으로 쓰이는 접착제(수지)는 불에 타면서 냄새와 독성을 내뿜을 뿐 아니라 기름 성분의 매연이 구들장 밑에 올라붙게 되면서 고래를 막는 요인이 된다.

좋은 연료를 땐 곳과 폐기물을 땐 곳은 구들을 철거해보면 알 수 있는데, 좋은 연료를 땐 곳은 고래가 깨끗하지만 폐기물을 땐 곳은 고래 속과 구들장 밑에 그을음이 덩어리 덩어리 뭉쳐 있다. 이것이 고래뚝과 구들장 바닥에 쌓여 고래를 막게 되는데, 구들을 시공한 지 얼마 되지 않아 막히는 것은 대개 이런 경우다. 이렇게 나쁜 연료를 땐 것을 생각 못하고 자재 문제로 판단하여 하소연하는 사람들도 있다.

깨끗한 연료를 땠을 때 타고 남은 재는 좋은 거름이 되며, 인분과 섞어두면 냄새를 중화하여 인분 냄새를 느낄 수 없다. 물에 빠져 질식한 닭이나 강아지를 재 속에 묻어두면 수분을 흡수하고 보온력을 유지하여 되살아나기도 한다. 재는 이렇듯 생명력을 가진 물질이다.

첫불 피우기

면적 4평 정도인 방의 실내온도가 15도 정도라고 했을 때, 일반 목재(잔가지와 지름 100㎜ 내외의 나무)를 크기 400×400×1000㎜ 정도인 아궁이에 2번 정도 나무를 때어 주면, 구들을 잘 놓은 곳은 30분 후부터 열기가 올라오기 시작해 3시간 정도 온도가 계속 상승한다. 3시간 이후부터는 실내온도가 40~50도 정도까지 오르게 된다. 열의 체류시간은 불을 피우고 3시간 후부터 8시간까지 유지되고, 24시간 후면 실내온도는 25~30도 정도로 유지된다. 단, 벽체의 단열성이 좋고 외풍 차단이 잘 되면 그 이상으로 유지되는데, 이는 바닥 두께와 자재에 따라 다르다. 또한 이불이나 카펫을 깔아두는 것도 좋은 보온 방법 중 하나다. 구들방의 연료는 자체의 온도를 측정할 수 없기 때문에 연료 종류와 양을 조절함으로써 난방시간과 연료량을 시간 데이터로 파악할 수 있다.

평형별 바닥 두께와 열 체류시간

※기준 : 실내온도 18도 이상

구분	면적	이맛돌 높이 (㎜)	바닥마감 두께		1회 연료 소비량	연료 연소시간	실내 최고온도 (1m 높이 기준)	30도 상승 시간부터 (실내온도 18도까지)
			아랫목 (㎜)	윗목 (㎜)				
일반 가정용 구들방	2~3평	300	200	100	50㎏	40분	40~50도	1시간 후부터 20시간 유지
	4평	350	250	100	70㎏	1시간	〃	1시간 30분 후부터 24시간 유지
	5평	400	300	150	80㎏	1시간 10분	〃	2시간 후부터 24시간 유지
	6평	400	300	150	100㎏	1시간 10분	〃	〃
	7평	450	350	150	120㎏	1시간 20분	〃	2시간 30분 후부터 24시간 유지

구분	면적	이맛돌 높이 (㎜)	바닥마감 두께 아랫목 (㎜)	바닥마감 두께 윗목 (㎜)	1회 연료 소비량	연료 연소시간	실내 최고온도 (1m 높이기준)	30도 상승 시간부터 (실내온도 18도까지)
일반 가정용 구들방	8평	500	400	200	150㎏	1시간 30분	〃	2시간 30분 후부터 24시간 유지
	9평	600	450	200	160㎏	1시간 40분	〃	3시간 후부터 24시간 유지
	10평	600	450	200	180㎏	1시간 40분	〃	〃

◎ 세부 적용기준

1. 연료는 일반 소나무과의 마른 나무를 기준으로 함.
2. 방바닥 두께는 구들장 밑선에서 마감선 상부 면까지를 적용함.
3. 연료는 일빈 목재 중량 비중 420을 석봉한 내봉임(부피:850×350×350/42㎏).
4. 시공방법 : 구들장 두께는 50㎜를 기준으로 하며, 100㎜ 내외로 자갈층을 깔아줌.
5. 고임돌은 세라믹벽돌(190×60×90)을 사용하며, 고래는 높이 200㎜, 가로 200㎜, 세로 200㎜로 하고, 고래 방법은 흩은고래(40장)와 줄고래(90장)로 한다(㎡당 40~90장 내외 소요).
6. 난방 열량 기준은 우리나라 남부지방의 12월을 기준으로 함.
7. 영업용과 가정용을 구분하는 것이 좋음(장시간 불을 때는 영업용은 가정용보다 바닥을 배로 두껍게 시공해야 함).
8. 열이 없는 상태에서 첫불을 기준으로 한 것이므로 계속 사용 시 온도 상승시간은 약 30분씩 앞당겨 지고 연료 소비도 30% 감소됨.
9. 난방 방법은 군불용으로, 400×400×1000 정도를 함실 크기의 기준 규격으로 함.

두 번째 불 피우기

4평짜리 일반 황토방을 기준으로 정상적으로 사용했을 때의 열 체류시간은, 24시간을 데우려면 한 아궁이 가득 연료를 태우면 되고, 3일(72시간)을 데우려면 두 아궁이 정도의 양이면 된다. 이렇게 하면 첫날 밤은 뜨끈뜨끈 찜질을 할 수 있고, 둘째 날 밤은 따끈한 황토방을 즐기고, 셋째 날 밤은 따뜻하고 오붓한 밤을 즐길 수 있다.

아주 이상적으로 시공된 구들방이라면 적은 열량으로도 따뜻하게 지낼 수 있지만, 잘못 시공된 구들방은 연료(나무)만 소비하고 열은 한참 뒤에야 서서히 나타나기 때문에 제대로 된 난방을 기대하기 어렵다. 보통 일반 가정주택의 구들 두께는 윗목은 100㎜ 이내, 아랫목은 300㎜ 이내가 적당하다.

※ 구들방을 사용하려면 기다릴 줄 아는 여유가 필요하다. 기름보일러처럼 금방 따뜻해지지 않는다. 사람이 살아가는 데 필요한 적정 온도는 17~28도고, 습도는 46~65% 정도라고 한다.

※ 연기란, 물질이 타면서 만들어내는 기체와 입자의 혼합물이다. 화학용어로는 일산화탄소(CO)다. 보통 굴뚝에서 나는 연기는 수증기 50%에 연기 50%로 구성되어 있다고 보면 된다. 내부에 습기가 많거나 젖은 나무를 때면 연기와 습기가 뭉쳐 방울을 만들게 된다. 방울이 된 연기와 수증기는 고래를 통과하면서 또 다른 습기를 만나게 된다. 점점 방울이 커지면서 무게를 못 이겨 바닥에 떨어지든지 아니면 구들장 밑에 반복적으로 올라붙어 고드름 같은 것을 만들기도 한다. 심하면 연기 종유석이 되어 아래는 석순, 위는 종유석으로 성장하면서 결국은 열기의 진입을 막게 된다.

고래 속에서 연기 종유석이 빨리 성장하는 경우는 앞에서 말한 내부의 습기와 젖은 연료 또는 폐기물, 플라스틱이나 비닐, 본드, 합판 등을 때는 것이 그 원인이 될 수 있다. 힘들여 만든 구들방을 오래 관리·보전하고 쾌적한 공간을 만들려면 다른 사람이 관리하고 지켜주는 것이 아니라 사용하는 자신이 잘 관리해야 함을 명심해야 할 것이다.

한편 연기 종유석이 성장하지 못하게 하려면 습기를 밖으로 몰아내야 할 것이다. 그러기 위해서는 습(물)이 내부에 정착하지 못하게 해야 하는데, 제일 좋은 방법으로는 흡출기를 사용해 강제통풍으로 빨아서 내보는 게 최고 좋은 선택이라 할 수 있다.

흡출기 사용 방법

흡출기는 굴뚝 위에 설치하여 비와 바람을 막고, 전기를 이용해 강제로 내부에 있는 습기와 연기를 빨아내고, 열기를 흡입하여 먼 곳까지 유도하는 동시에 아궁이에서 날아 들어오는 재를 습기와 함께 밖으로 끌어내어 고래가 막히는 것을 막아주는 역할도 한다. 바람이 역류하거나 저기압일 때는 강제흡입으로 연기와 습기를 밖으로 유도해 방이 따뜻해지도록 하니 이보다 효자가 없을 것이다.

아궁이에 처음 불을 때면 아궁이 속의 습기와 찬 공기로 인해 불이 잘 붙지 않으므로, 흡출기를 먼저 돌리고 나서 불을 붙이면 순조롭게 점화되면서 화력이 세어지게 된다. 구들 시공이 정상적으로 잘 이루어졌

다면 불이 점화되어 화력이 올라올 때 흡출기를 꺼도 불이 잘 들어간다. 구들방 아궁이에 첫불을 피우기가 어렵고, 정상적으로 아궁이와 고래개자리, 굴뚝개자리를 설치할 수 없는 조건일 때는 흡출기를 사용하는 것이 현명한 지혜가 된다.

보통 흡출기를 사용하면 아궁이 속의 열까지 밖으로 빨아 당긴다고 생각할 수 있으나, 내부의 습기와 냉기를 몰아내고 온기가 전도될 수 있도록 유도하기 때문에 자연 순환식보다 방이 빨리 데워지고 먼 곳까지 골고루 따뜻해진다. 불을 피울 때 아궁이에서 발생한 열은 500~600도가 되지만 흡출기를 사용했을 때 굴뚝까지 나오는 열은 30~50도 정도 밖에 되지 않는다. 내부 습기 상태에 따라 필요한 열은 구들 밑에 모두 내려놓고 남는 폐열만 나오게 되어 있다.

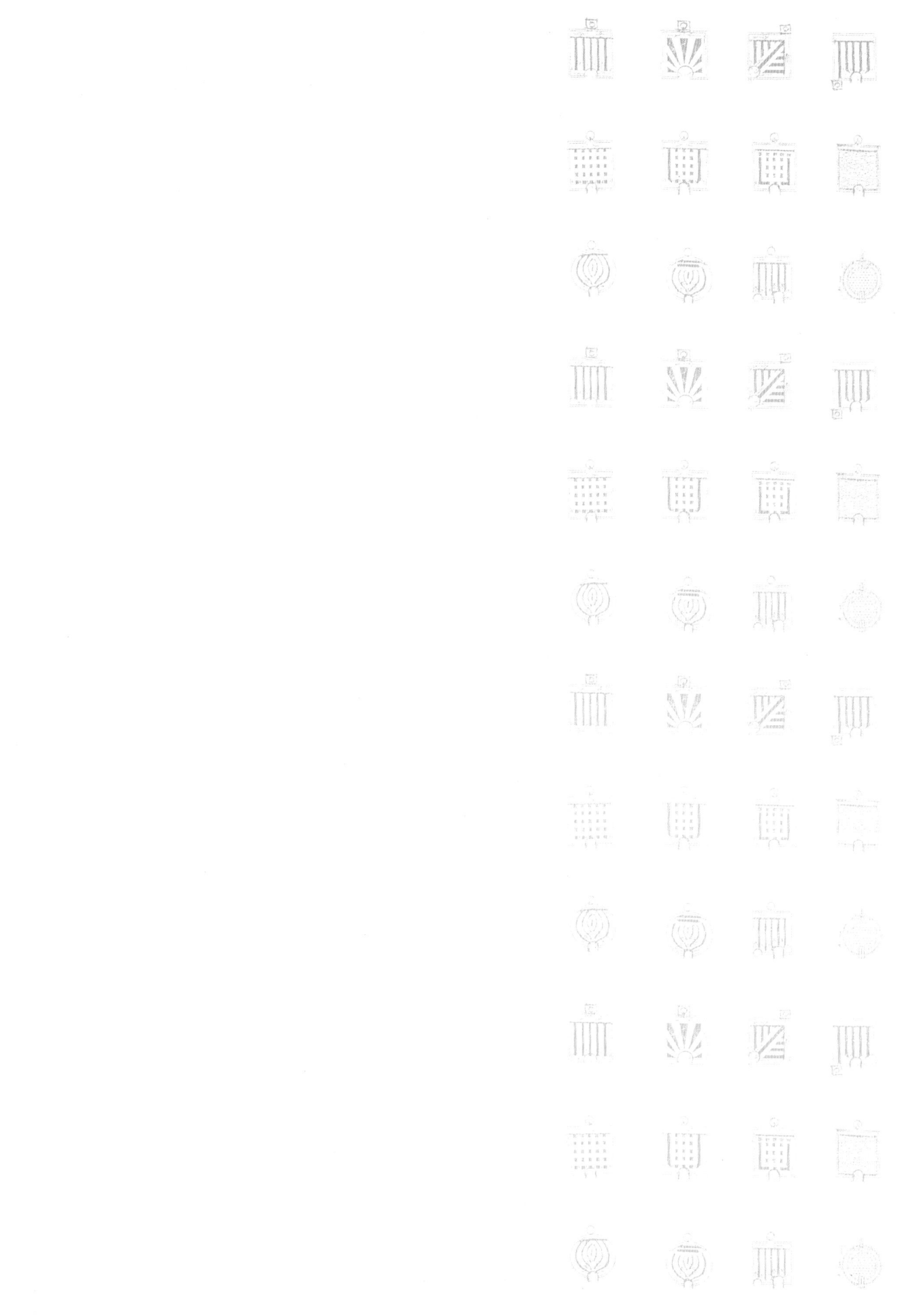

구들방을 잘 만들려면 IV

1 중요 항목 및 해결 포인트

(1) 열을 방에 오래 머물게 해야 한다

열을 오래 머물게 하려면 바닥에 자갈을 깔고 고래에서 고래개자리로 나가는 곳을 70% 막아라.

(2) 함실턱에서 열 분배를 잘 해야 한다

함실은 중앙통제실이다. 멀리 갈 열은 많게(크게), 가까운 곳이나 직선은 작게 하라.

(3) 고래와 굄돌을 잘 조절해야 방이 따듯하다

함실과 가까운 곳은 높고 넓게 하고 멀리 갈수록 낮고 좁게 조절해야 불 힘이 생긴다.

(4) 고래에서 고래개자리로 넘어가는 턱을 잘 조절해야 방이 오래 따뜻하다

굴뚝이 가까울수록 막아주고 멀수록 열어줘라.

(5) 고래개자리를 잘 만들어야 한다

고래개자리는 깊을수록 좋다. 넓이는 250㎜ 정도, 깊이는 800㎜ 이상으로 한다. 최소한 불을 처음 지피는 아궁이 바닥 이하로 한다.

(6) 연도를 잘 조절해야 열이 오래간다

연도는 내부의 열과 연기를 마지막 내보내는 관문으로, 고래보다 낮게 굴뚝 지름의 1.3~1.5 배 크기로 만든다.

(7) 굴뚝개자리를 잘 만들어야 불이 잘 들어간다

굴뚝개자리는 보온을 잘 하고 굴뚝 지름의 4배 이상 크게 하라. 방수는 필수.

(8) 내부에 습(濕)이 차지 않아야 화력이 좋고 불 힘도 세다

기초 외부 습을 차단하고 굴뚝에 갓을 덮고 마른 연료를 때라.

(9) 굴뚝은 바람을 차단할 수 있도록 조정해야 한다

굴뚝바람을 차단하려면 굴뚝개자리를 넓게 하고 보온을 하며 바람이 새지 않게 하라.

(10) 방바닥에 열을 오래 보관하는 장치를 해야 한다

방바닥 부토층(깊은 곳)에 자갈을 깔면 열이 배로 저장된다.

(11) 연료를 잘 선택해야 열효율이 높다

젖은 나무와 합판, 썩은 나무를 피하라.

(12) 영업용과 가정용을 구분할 줄 알아야 한다

필요한 시간에 사용하도록 방바닥 두께를 조절하라.

(13) 불목 돌은 터지지 않아야 한다

내화물이나 두꺼운 현무암으로 함실 위를 2중 겹구들로 장치하라.

(14) 아궁이를 만들 때 주의할 점

이맛돌에서 불문 윗부분을 100㎜ 이상 낮추어라.

(15) 함실 깊이와 넓이를 조절해야 한다

큰 방일 때는 함실을 넓고 길게, 작은 방일 때는 좁고 짧게 차라.

(16) 방바닥 높이를 잘 조절해야 방이 따뜻하다

일반 가정용의 아랫목은 300㎜ 이내, 윗목은 100㎜ 이내가 좋다.

(17) 고래 넓이와 깊이는 연료 사용량과 관계가 많다

적은 열량을 발생하여 단시간에 사용하려면 넓이는 250~300㎜, 깊이는 200㎜로 하라.

(18) 연료를 적게 사용하여 방을 빨리 데우려면

방바닥 두께를 얇게 하라.

(19) 내·외부 바람이나 연기가 새지 않아야 한다

하부 벽을 미장하고 블록 기초벽일 때 공간을 단단히 메운다.

(20) 열을 멀리 보내는 방법과 짧게 보내는 방법을 잘 활용하라

방 길이가 길면 함실 뒷면 턱을 낮게 눕히고, 방 길이가 짧으면 세워라.

(21) 남은 열을 오래 유지하려면

연료가 70~80% 연소됐을 때 불문을 최소의 산소구만 남기고 막고 굴뚝도 막아라.

(22) 아궁이를 소각장으로 사용하지 마라

아궁이를 소각장으로 착각하여 비닐이나 쓰레기를 태우면 질식사 할 위험이 있다.

(23) 보통 방은 방바닥에서 이맛돌까지 최소 높이만 유지하라

높이는 300㎜가 좋으며, 높으면 열이 빨리 올라오지 않는다.

(24) 솥을 걸려면 아궁이 자리를 솥뚜껑으로 맞추어라

솥을 걸 턱을 만들려면 무거운 솥을 들었다 놓았다 하는 것보다는 솥뚜껑을 가지고 재보고 솥뚜껑보다 30㎜ 크게 하면 된다.

(25) 솥 밑바닥이 이맛돌보다 내려오면 불길을 막는다

솥을 거는 턱을 이맛돌보다 100㎜ 이상 올려야 열과 연기를 방해하지 않는다.

(26) 외벽 쪽으로 열이 가야 외부 습을 막을 수 있다

고래를 만들 때 외벽 쪽으로 줄고래로 2/3 지점까지 유도하면 된다.

(27) 굴뚝에서 연기가 적게 나게 하려면

굴뚝에서 나는 연기는 50%는 연기, 50%는 습(수증기)으로 보면 된다. 마른 나무를 때고 내부에 습이 들어가지 않게 굴뚝에 갓을 씌워야 된다.

(28) 습이 없어야 연료가 적게 들고 불 힘이 세다. 습은 불을 죽인다

습은 공기보다 약 32배 더 열을 빼앗으므로 연료를 32배 더 때야 따뜻하다.

(29) 내부 습을 적게 하려면

지면보다 건물을 높게 하고, 습이 내부로 들어오지 않게 하며, 굴뚝 쪽으로 물이 흐르게 한다. 배수구 설치.

(30) 습이 고래에서 고래개자리로 처지면서 열을 빨아 당긴다

열이 진행하면서 연기는 습기를 머금고 나가며, 고래개자리 연기가 밑으로 처지는 과정에서 떨어지는 압력의 차이로 불길을 당긴다.

(31) 개자리 쪽과 외벽 쪽에 있는 습 제거 방법

근본적으로 습이 들어오지 못하게 차단한다. 외부 방수가 중요하다.

(32) 굴뚝은 높이와 크기에 따라 역류 현상이 다르게 발생한다

굴뚝이 높거나 지름이 작으면 첫불을 땔 때 불리하며, 지름이 크면 역풍에 취약하고 열 손실이 많다. 크기는 방 크기에 맞춰 150~200㎜가 적당하고, 높이는 처마선에서 100㎜ 이내로 한다.

(33) 불을 매일 때는 방과 간혹 때는 방의 아랫목 두께를 달리하라

매일 불을 때는 방은 300㎜ 내외, 간혹 때는 방은 150㎜ 내외가 적당하다.

(34) 아궁이와 굴뚝의 위치를 어디로 하든 방을 따뜻하게 할 수 있다

불은 위로 오르는 성질이 있기 때문에 경사가 있어야 하고, 아궁이보다 굴뚝이 깊어야 불이 잘 들어가고 따뜻하다.

(35) 흩은고래 방법은 불의 흐름을 잘 막아야 방이 고루 따뜻하다

방을 골고루 따뜻하게 하려면 시작은 불길을 터주었다가 중간 지점부터 막고 트고를 반복한다.

(36) 함실에서 내 마음대로 불 힘을 조절할 수 있다

함실 벽은 불목 쪽으로 갈수록 좁게 해야 불의 힘이 강해지고, 불고개에서 분배를 잘 해야 방이 골고루 따뜻하다.

(37) 개자리가 깊을수록 불 힘이 강하다

깊이 파면 더운 공기가 들어갈 때 고래 속 찬 공기와 습기를 만나 결로 현상이 생긴다. 밀리면서 떨어지는 힘에 의해 불 힘이 강해진다.

(38) 내화벽돌은 흡수하는 성질보다 배제하는 성질이 있다

내화벽돌은 내부 열을 보호하며 열의 흐름을 도와 열을 증가시킨다.

(39) 열에는 연료에서 발생한 열과 습이 열을 받아 발생한 열이 있다

연료가 타면서 습에 열을 가하게 되면 습기가 열을 받아 펄펄 끓게 된다. 이때 열은 두 배로 발생한다.

(40) 아궁이 재받이가 있는 것과 없는 것의 차이

재받이가 있으면 산소 공급이 원활하지만 없으면 흐름이 좋지 않아 연기가 밖으로 나오게 된다. 그러나 재받이가 있으면 나무가 타고 난 후 잔열이 없게 되어 온기가 빨리 식는다.

(41) 솥을 수평으로 걸어야 보기도 좋고 음식도 잘 끓는다

수평기가 없다면 솥을 만들 때 솥 안쪽에 수평 방향으로 돌린 자국이 있으니 이 선에 맞게 물을 부어 맞추면 된다.

(42) 군불용(아궁이) 함실에 부넘기를 없애야 열효율이 좋다

불목 밑 턱을 올리고 바닥을 경사지게 하면서 부넘기를 없애야 긴 나무를 땔 수 있고 재가 고래로 유입되는 것을 막을 수도 있다.

(43) 방안에 나무 기둥이 노출된 경우 방부와 방충, 화재에 취약하다

방 안쪽 노출된 부분을 최소 50㎜ 정도 이격하고 100㎜ 이상 두께로 둑을 쌓아 불길이 닿지 않도록 하면 화재를 예방할 수 있고, 이격된 공간에 소금을 넣어두면 염수가 빠지면서 방부와 방충을 동시에 할 수 있다.

2 아궁이 열 이용법

아궁이에서 발생한 열을 이용하는 방법

우리나라는 사계절이 뚜렷하여 항상 다음 계절을 맞이할 충분한 준비를 할 수 있는 좋은 여건이 된다. 예를 들어 가을에는 추운 겨울을 나기 위해 먹을 양식과 연료를 미리 준비해왔으며, 봄에는 여름에 자라날 생물들을 위해 씨를 뿌리고 논밭을 일구거나 장마나 홍수에 대비하는 등 미리미리 다가오는 계절에 대한 준비를 할 수가 있다.

또한 우리는 일상생활에서도 환경의 변화에 따라 편안하게 몸을 쉴 수 있는 안식처나 쉴 공간을 미리 준비해왔다. 낮에 밤의 어둠을 밝혀줄 불을 미리 준비하듯이 우리의 생활방식도 미리 준비하는 지혜를 갖춘다면 훨씬 더 편리함을 추구할 수 있을 것이다. 이러한 지혜들은 주로 생활 속에서 찾을 수 있는데, 그 속에서 새로운 것들이 발견되어 오늘날 우리에게 전수됨으로써 우리의 생활양식이 되어온 것이다.

한편 문명이 발달함에 따라 모든 것이 변화되고 현대화되어 가는 과정에서 모든 분야에 종사하는 사람들이 각기 새로운 개발을 멈추지 않고 계속 발전시켜 나감으로써 우리 인류는 항상 선진화된 기술과 환경 속에서 살 수 있는 혜택을 누리게 되었다. 필자 또한 그 고마움을 조금이라도 표현하고 싶은 심정이다.

최초의 불은 부싯돌을 이용해 만들었으며, 자연 연료를 이용하여 취사를 하였다.

어두운 밤에는 불을 피워 어둠을 밝혔고, 또한 그 열로 공간을 따뜻하게 함으로써 추운 겨울을 날 수 있었으며, 주거에서는 바닥을 데워 따뜻하게 난방을 할 수 있었다. 또한 불에서 발생하는 열과 연기는 소독용으로 우리 몸을 치료하고 습기를 제거하며, 곰팡이나 세균들을 몰아내는 데 쓰였다. 이렇게 불을 이용한 여러 가지 방식들이 계속해 이어져 내려오던 중, 흩어져 사용했던 불들을 한쪽으로 모으는 방식이 오늘날 아궁이 방법이 아닐까 생각한다.

땔감(연료)에서 발생한 열은 취사를 도와주고 구들돌을 데워서 바닥을 따뜻하게 해주는 한편, 타고 남은 부산물인 재는 냄새를 중화시켜주며 습기를 제거해주고 농작물에 훌륭한 거름으로도 사용되었다. 또한 잿물은 도자기 유약에 없어서는 안 될 자원으로 활용되고 있다.

지나가는 열을 이용하는 방법

고도로 문명이 발달된 지금, 우리는 고유가 시대를 맞아 과연 어떤 물질로부터 에너지를 얻을 것이며, 또한 그 에너지를 어떻게 활용할 것인지 고민하고 있고, 전 세계적으로 대두되고 있는 탄소를 줄이는 방법까지 고려하지 않을 수 없는 현실에 살고 있다. '우리도 어떻게 하면 저탄소 녹색성장에 동참할 수 있을까?'라는 고민을 하면서 작은 것부터 하나하나 참여해 나가면 더 큰 참여와 발전의 기틀이 될 것이며, 궁극적으로는 우리 생활에 경제적으로 도움이 되는 또 다른 새로운 방법들을 찾게 될 것이다.

보통 온돌방을 만들 때 땔감을 때서 방을 데우는 방법에만 익숙해 있는데, 지나가는 열이나 이미 발생된 열을 다양한 방법으로 응용할 수 있다. 본인의 능력과 재능에 따라 새로운 개발을 통하여 생활에 필요한 에너지를 얼마든지 생산해낼 수 있다고 본다.

지나가는 열을 이용해 온수 만드는 방법

지나가는 열을 이용해 온수를 만드는 방법으로 첫째, 부뚜막 아궁이에 물집 만들기(물통을 이용해 온수 만들기, 물통 묻어놓기), 둘째, 샤워장에 온수통 만들기, 셋째, 캡슐형 사우나 도크 만들기 등을 들 수 있다.

부뚜막 아궁이에 물집 만들기

온수를 쓰려면 1차적으로 물을 담는 기구가 있어야 하는데, 스테인리스 재질이어야 하며 보조 물통으로는 강질 플라스틱 통을 사용해도 좋다.

만드는 방법은 아궁이 모양으로 솥을 거는 공간과 불문을 다는 공간을 제외한 곳에 물집을 만들어 좌우에 흡입구와 토출구, 상부에 에어핀(15㎜ 소켓)을 설치한다. 몸체가 만들어지면 본인의 사용 목적에 따라 순환모터를 이용하여 다른 방 난방도 가능하며, 욕실에 샤워 물을 빼서 쓸 수도 있고, 부뚜막에 별도의 물통을 두어 온수가 바로 생산되게 할 수도 있다. 간단한 방법으로, 함실 옆에 항아리를 묻어 물을 채워 두면 겨울에 미지근한 물은 쉽게 쓸 수가 있다.

샤워장에 온수통 만들기

아궁이 옆에 샤워장을 만든다. 함실 위에 스테인리스 물통을 두어 불길이 지나가면서 물을 데우는 방법으로 온수를 쓸 수 있다. 족욕이나 반신욕이 가능하며 편리하게 사용할 수 있다.

함실 위에 내화물을 깔고 물통을 올리는 것도 가능하지만 온도가 높게 올라가지 않기 때문에 두꺼운 철판(10㎜ 이상)을 깔고 물통을 올리는 편이 낫다. 그러면 만족할 만큼 온도가 상승한다. 그러나 철판은 열에 대한 팽창성이 강하기 때문에 열에 많이 노출하는 것보다는 물통의 1/3 정도만 노출시켜야 한다. 그래도 열전도가 가능하다. 철판은 바닥에 완전하게 잘 고정시켜주면 된다. 물통은 막 쓰는 물과 헹굼 물을 구분하여 두 개를 만드는 것이 좋은데, 헹굼 물통은 작아도 된다. 깨끗한 물을 쓰려면 뚜껑이 필요하다.

기능성 캡슐형 도크 만들기

치료용이나 고열의 사우나를 즐기려면 함실 위 방안 아랫목에 한 사람 정도 들어갈 수 있는 캡슐을 만들어 설치하는 방법이 있다. 고정식 또는 이동식으로 만들어도 된다.

만드는 방법에 따라 앉아서 목만 내놓고 찜질을 할 수도 있고 누워서 목을 밖으로 내놓고 찜질을 할 수도 있다. 캡슐은 평소 이불 등을 올려놓는 받침으로 사용할 수도 있다. 캡슐의 크기는 길이 1500㎜, 넓이 700㎜, 높이 700㎜ 정도면 적당하다.

옛 문헌에도 두한족열이라 하여 머리를 차게 하고 발은 따뜻하게 하는 것이 좋다고 하였으며, 머리가 차서 병이 오는 일이 없고 배가 뜨거워 병이 오는 일이 없다고 한다. 가정에서 찜질이나 사우나 등의 방법으로 몸속 노폐물을 빼준다면 이보다 더 좋은 치료 방법은 없으리라 본다. 가능하다면 도크 안 바닥은 기능성 재료로 깔아주면 좋은데, 추천하는 기능성 재료로는 맥반석이나 암염자갈, 토르마린, 일라이트 등이 좋다.

3 구들의 품셈 및 수량 산출

2009년 중국 하얼빈에서 열린 제8회 국제온돌학회 학술심포지엄 논문집 《구들의 품셈 및 수량 산출에 관한 연구(정민호, 천득염, 유우상)》(p.128~139)를 재정리하여 수록했다. 이후에 나오는 자재 가격과 인건비 등은 당시를 기준으로 한다.

우리나라의 구들난방은 수천 년 동안 유지되고 발달되어온 난방문화의 결정체다. 인류는 구석기시대부터 불을 이용하면서 살아왔다. 불의 사용은 문자의 발명, 도구의 사용과 더불어 인류 문명을 발전시킨 일대 혁신으로, 특히 한반도는 상대적으로 겨울철이 춥고 길어 수천 년 전부터 구들난방이 사용되어 왔다. 시대를 거듭하면서 발전해온 구들난방은 주거환경이 크게 바뀐 오늘날 바닥난방 시스템으로 진화했다. 구들과 온돌이란 용어가 혼용되고 있지만, 본 연구에서는 농촌사회에서 많이 사용하고 있고 문헌 등에서도 나타난 바, 보편적인 용어가 구들임을 감안하여 편의상 구들이라 칭한다.

여기에서는 구들의 설계 및 수량 산출, 시공비 등을 예시로 들어 구들을 시공하는 데 도움이 되고자 한다.

구들의 설계와 수량 산출

구들방의 크기에 따라 구들의 형식을 달리할 수 있고, 각 부분에 소요되는 재료의 소재나 수량에 차이가 있을 수 있다. 본 연구에서는 옛날에 주로 사용한 방의 크기와 현재 사용하는 방의 크기를 기준으로 설계 및 수량을 산출해보고자 한다. 8×8尺 방, 10×10尺 방, 12×12尺 방, 15×15尺 방 등을 비교하여 설계와 수량 산출 등을 살펴본다.

8×8尺 방

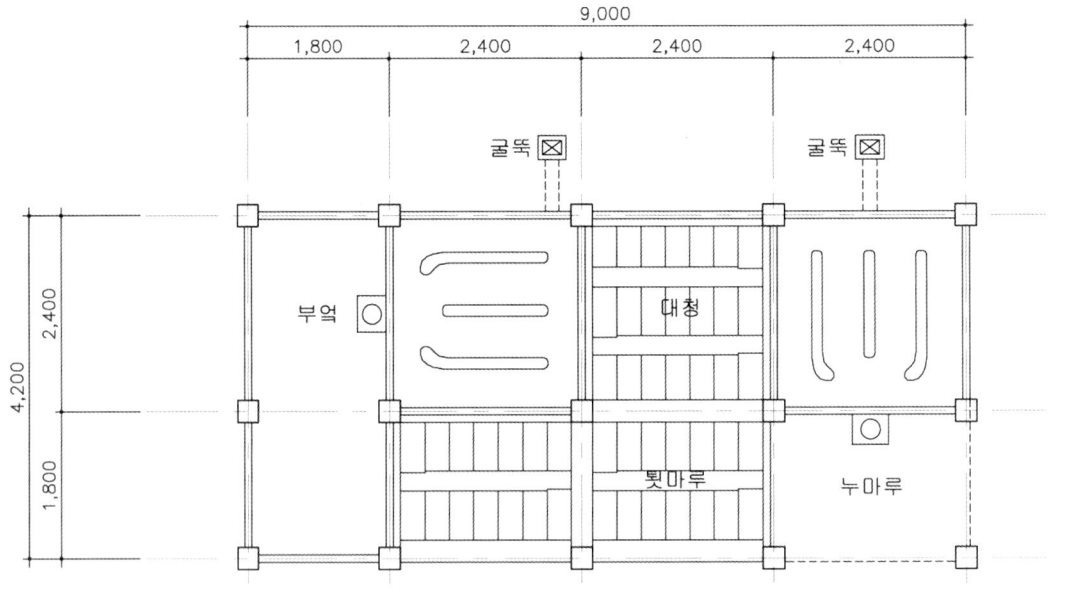

8×8尺 구들방 평면도 ●

전제

① 구들방의 크기 : 8×8尺(2.4×2.4m=5.76㎡)

② 4칸 겹집일 때 : 구들방이 2개, 대청이 1개, 부엌 1개, 누마루 1개

③ 건축면적 : 9.0×4.2m=37.8㎡(약 11.5평)

특징

① 민가나 초가집 등 소규모 건물에서 흔히 볼 수 있는 형태다.

② 아궁이가 건물 내부에 있다.

③ 아궁이는 누마루 밑 벽 밖에 있다.

10×10尺 방

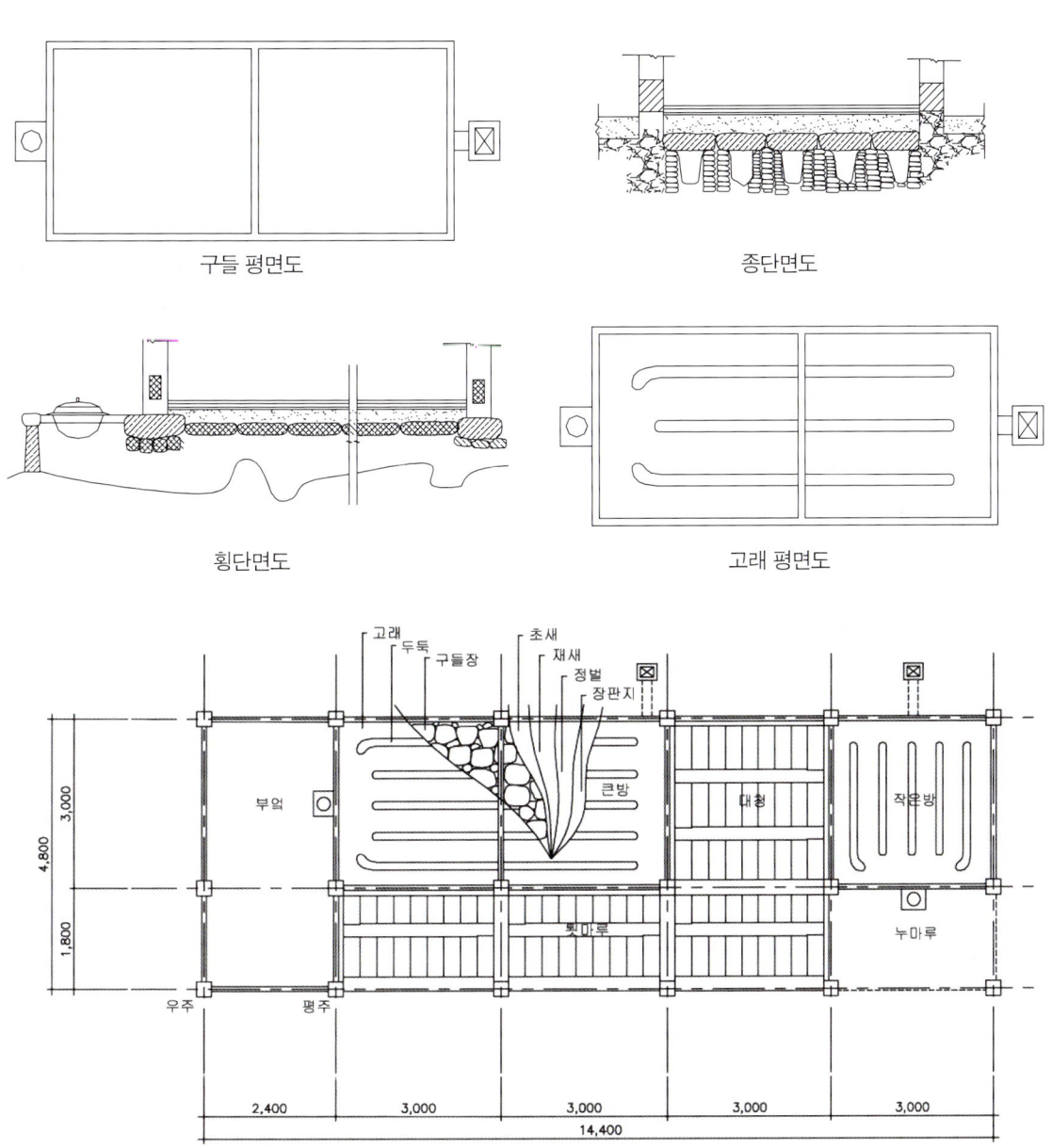

구들 평면도

종단면도

횡단면도

고래 평면도

10×10尺 구들방 평면도 (5칸 겹집) ●

전제

① 구들방의 크기 : 10×10尺 (3.0×3.0m=9㎡)

② 5칸 겹집일 때 : 구들방이 3개, 대청 1개, 부엌 1개, 툇마루 1개, 누마루 1개

③ 건축면적 : 14.4×4.8m=69.12㎡ (약 21평)

특징

① 민가와 한옥 등에서 주로 볼 수 있는 것으로, 5칸 겹집에 많이 이용되고 있는
   형태다.

② 아궁이가 2개고, 방 2칸이 연이어 구들방으로 되어 있다.

③ 건물 내부에 아궁이가 있다.

④ 누마루 밑의 아궁이는 벽체 밖에 있는 형태다.

12×12尺 방

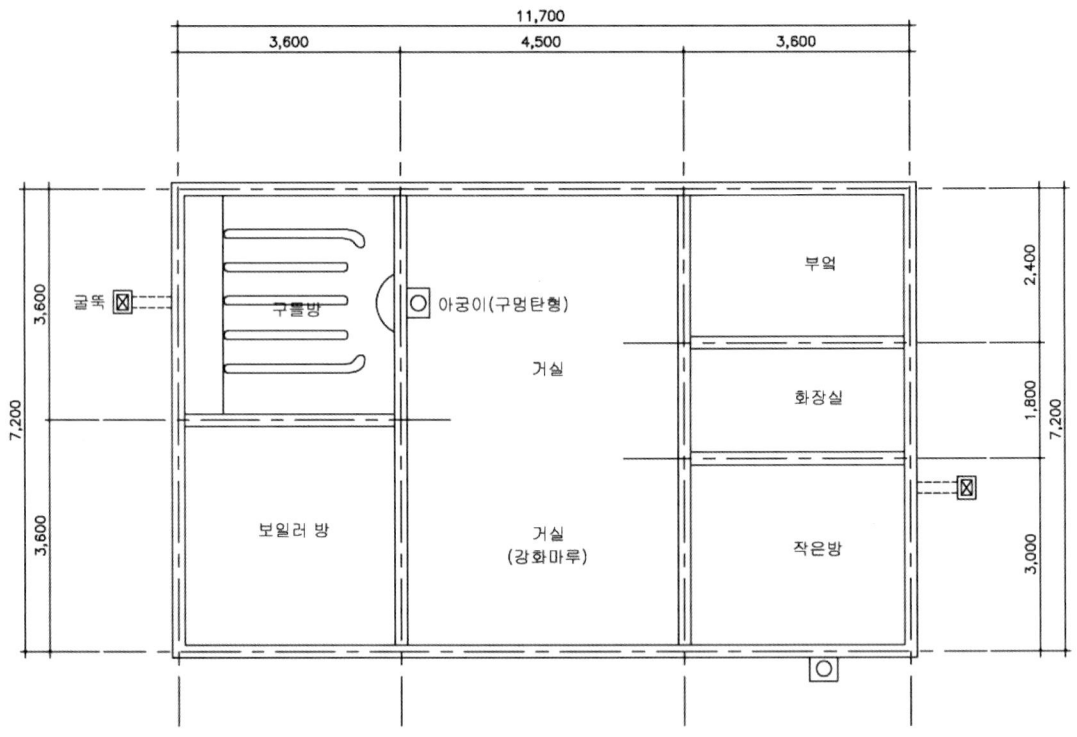

12×12尺 구들방 평면도(전원주택형) ●

전제

① 구들방의 크기 : 12×12尺 (3.6×3.6m=12.96㎡)

② 전원주택형일 때 : 거실 1개, 방 3개, 화장실과 부엌 각 1개

③ 건축면적 : 11.7×7.2m=84.24㎡ (약 25.5평)

특징

① 거실에 아궁이가 있는 경우와 벽체 밖에 함실아궁이가 있는 경우다.

② 일반적으로 전원주택에서 볼 수 있는 구조다.

③ 거실 안의 아궁이는 벽난로와 같은 기능으로 거실을 데우기도 한다.

15×15尺 방

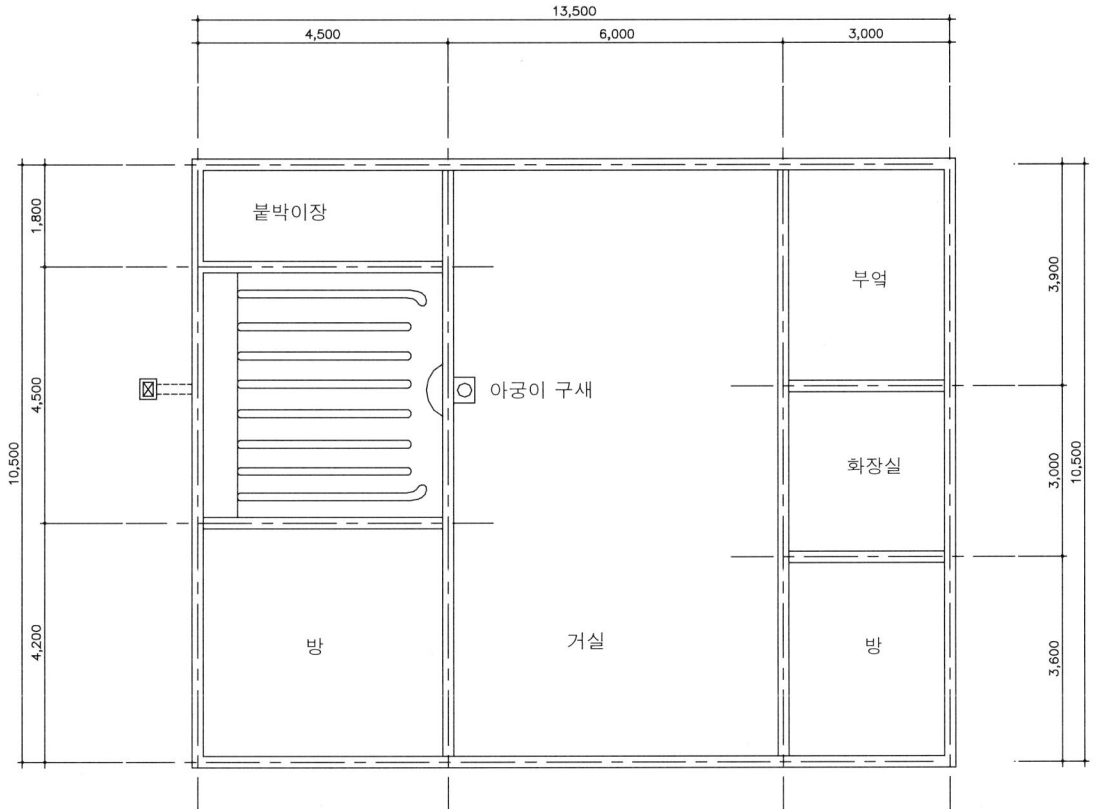

● 15×15尺 구들방 평면도(대형주택이나 대가족 시)

전제

① 구들방의 크기 : 15×15尺 (4.5×4.5m=20.25㎡)

② 대형주택일 때 : 거실 1개, 방 3개, 부엌 1개, 화장실 1개

③ 건축면적 : 13.5×10.5m=141.75㎡ (약 43평)

특징

① 아파트나 빌라, 전원주택 등에 주로 설치하고 대가족일 경우 유용하다.

② 벽난로와 구들의 기능을 동시에 충족한다.

③ 거실에 아궁이가 있고, 구멍탄 아궁이는 바로 환기통이나 지붕으로 연기를 배출한다.

④ 물 끓이기 같은 간단한 취사가 가능하다.

구들의 품셈 설정

구들의 재료 및 특성

품명	특성
구들장	화강석, 청석, 백운모 등
벽돌	시멘트벽돌, 적벽돌 등
기와	전통 한식기와(구운 기와)
모래	육사를 원칙(해사 일부 가능)
토관	구운 것
비닐	KS제품(농업용)
생석회	가루 및 과립형의 양질
시멘트	KS제품
여물	볏짚으로 썩지 않은 것
해초풀	바닷가의 미역 잎
장판지	전통한지, 각장지

구들방 크기별 수량 산출표

종별		방 크기	품명	단위	8×8尺 (2.4×2.4m)	10×10尺 (3.0×3.0m)	12×12尺 (3.6×3.6m)	15×15尺 (4.5×4.5m)
		면적		㎡	5.76	9	12.96	20.25
재료	구들장 (cm)	A종(45×60)		장	22	34	48	75
		B종(35×45)		장	36	56	80	125
		C종(30×40)		장	48	75	108	169
	함석장(40~80cm)			장	1	1	1	1
	이맛돌(15~25cm)			장	1	1	1	1
	붓돌(15~25cm)			잔	2	2	2	2
	벽돌(B종)			장	1,074	1,680	2,419	3,780
	기왓장 (구새대 크기=1.2× 0.9×1.5m)			장	120	120	160	160
	진흙			㎥	2.88	4.5	6.48	10.125
	자연석			㎥	1.44	2.25	3.24	5.06
	모래			㎥	1.152	1.8	2.592	4.05
	토관구새(150∅)			m	5	5.5	6	6.5
	철관구새(150∅)			m	2.5	2.5	3	3
	송판구새(150∅)			m	2.5	2.5	3	3
	비닐(0.2㎜)			㎡	7	11	16	25
	생석회			kg	58	90	130	203
	시멘트			kg	115	180	259	405
	짚여물			kg	5.7	9	13	20
	해초풀			kg	5.7	9	13	20
	장판지			㎡	7	11	16	25
	한지			㎡	7	11	16	25
	고구마			kg	57.6	90	129.6	202.5
	탱자			kg	57.6	90	129.6	202.5
	솔방울			kg	57.6	90	129.6	202.5
	대나무			㎡	7	11	16	25
	광목천			㎡	7	11	16	25
	땔감			kg	19.2	30	43.2	67.5
노무	기능공			인	3	4	5	6
	보통공			인	3	4	5	6
운반	5ton			대	2	2.5	3	3.5

* 본 수량 산출표는 현장경험을 근거로 작성된 것으로 개인에 따라 차이가 있을 수 있다.

구들방 크기별 수량 산출 근거

종별 품명			8×8尺 (2.4×2.4m)	10×10尺 (3.0×3.0m)	12×12尺 (3.6×3.6m)	15×15尺 (4.5×4.5m)
면적		㎡	2.4×2.4=5.76	3.0×3.0=9	3.6×3.6=12.96	4.5×4.5=20.25
구들장	A종(45×60)	장	5.76/0.27≒22	9.0/0.27≒34	12.96/0.27≒48	20.25/0.27≒75
	B종(35×45)	장	5.76/0.157≒36	9.0/0.157≒56	12.96/0.157≒80	20.25/0.157≒125
	C종(30×40)	장	5.76/0.12≒48	9.0/0.12≒75	12.96/0.12≒108	20.25/0.12≒169
벽돌(할증 20%) (200×100×60㎜) 고래간격45㎝ 두둑(H×B):50×20㎝ 벽돌두께:7㎝ 기준		장	1줄 소요량 7×24≒168장 고래줄=2.4/0.45 5.33×168=895 895×1.2=1,074	1줄 소요량 7×30≒210장 고래줄=3.0/0.45 66.66×210=1,400 1400×1.2=1,680	1줄 소요량 7×36≒252장 고래줄=3.6/0.45 8×252=2,016 2016×1.2=2,419	1줄 소요량 7×45≒315장 고래줄=4.5/0.45 10×315=3,150 3150×1.2=3,780
진흙 (바닥10+두둑10+부 토5+초새10+재새 3+고막이5+구새7)		㎥	5.76×0.5=2.88	9×0.5=4.5	12.96×0.5=6.48	20.25×0.5 =10,125
기왓장 (가로×세로×높이) (1.2×0.9×1.5m)		장	4×3×10=120	4×3×10=120	4×4×10=160	4×4×10=160
자연석 (두둑20+사춤 및 고임돌5=25㎝)		㎥	5.76×0.25=1.44	9×0.25=2.25	12.96×0.25=3.24	20.25×0.25=5.06
모래 (바닥10+두둑10 =20㎝)		㎥	5.76×0.2=1.152	9×0.2=1.8	12.96×0.2=2.592	20.25×0.25=4.05
토관구새		m	연도2.5+굴뚝2.5=5	연도3+굴뚝2.5=5.5	연도3+굴뚝3=6	연도3+굴뚝3.5=6.5
철관구새		m	2.5	2.5	3	3
송판구새		m	2.5	2.5	3	3
비닐(할증 20%)		㎡	5.76×1.2≒7	9×1.2≒11	12.96×1.2≒16	20.25×1.2≒25
생석회 (진흙 0.02㎥를 kg화)		kg	2.88×0.02≒58	4.5×0.02≒90	6.48×0.02≒130	1.012.×0.02≒203
시멘트(모래 0.01㎥를 시 멘트 kg로 환산)		kg	115	180	259	405
여물, 해초풀 (1㎥당 1kg 환산)		kg	5.7	9	13	20
장판지(할증 20%)		㎡	5.76×1.2=6.91	9×1.2=10.8	12.96×1.2=15.55	20.25×1.2=24.3
한지(할증 20%)		㎡	5.76×1.2=6.91	9×1.2=10.8	12.96×1.2=15.55	20.25×1.2=24.3
고구마(할증 20%)		kg	5.76×10.0=57.6	9×10.0=90	12.96×10.0=129.6	20.25×10=202.5
탱자(할증 20%)		kg	5.76×10.0=57.6	9×10.0=90	12.96×10.0=129.6	20.25×10=202.5
솔방울(할증 20%)		kg	5.76×10.0=57.6	9×10.0=90	12.96×10.0=129.6	20.25×10=202.5
느릅나무			5.76×2=11.52	9×2=18		
대나무(할증 20%)		㎡	5.76×1.2=6.91	9×12=10.8	12.96×1.2=15.55	20.25×1.2=24.3
광복전(할증 20%)		㎡	5.76×1.2=6.91	9×12=10.8	12.96×1.2=15.55	20.25×1.2－24.3
땔감(할증 20%)		kg	5.76/0.3=19.2	9/0.3=30	12.96/0.3=43.2	20.25/0.3=67.5
인건비			실제 투입 인원을 조사한 것임			
운반			무게, 체적, 자재 등을 고려함			

* 위의 수량 산출 근거는 본인이 현장경험을 토대로 한 것이므로 표준 수량 산출이 아님.

구들의 각 규격(일반적 기준)

품명	단위	8×8尺 (2.4×2.4m)	10×10尺 (3.0×3.0m)	12×12尺 (3.6×3.6m)	15×15尺 (4.5×4.5m)
구들장 (두께 4~9)	cm	30×40	36×45	36×45	45×60
함 실 (두께 6~13)	cm	40×60	45×70	45×70	60×80
이맛돌 (길이 40~90)	cm	20×15	25×20	25×20	25×30
붓돌 (길이 30~60)	cm	20×15	25×20	25×20	25×30
두둑	cm	200×20×50	200×20×50	200×20×50	200×20×50
고래 수	개	6	7	8	10
고래 규격 (H×L)	cm	25×20	30×25	30×25	35×40
부뚜막 아궁	cm	40×35	50×40	50×40	60×45
함실 아궁	cm	40×30	45×36	45×36	50×40
연소통 지름 (Φ×H)	cm	200×250	200×250	200×300	200×300
부뚜막 길이	cm	120	150	150	180
솥의 크기	cm	35~25	45~40	45~40	76~60
사용가능인원	명	2~3	3~5	5~7	7~10
방을 데우는 데 걸리는 시간	분	40~50	50~60	60~70	75~80
목재 소요량	kg	20~30	30~40	40~50	50~60
① 구들방	만 원	150~200	200~250	250~300	350~400
② 온수난방	만 원	500,000	650,000	800,000	1,000,000
③ 겹난방	만 원	200~250	265~315	330~380	450~500
④ 예상 가능한 실제 겹난방 비용(같은 건물에 같은 공사비용 절감 효과)	만 원	200~250	10% D.C 240~285	20% D.C 270~310	310~350

* 본 규격과 크기는 건축공사 표준시방서와 현장경험을 근거로 한 것으로 개인에 따라 다를 수 있다.

구들방 크기별 시공비용 내역표

방 크기			8×8尺 (2.4×2.4m)		10×10尺 (3.0×3.0m)		12×12尺 (3.6×3.6m)		15×15尺 (4.5×4.5m)	
품명	면적(㎡)		5.76		9		12.96		20.25	
	단위	단가(원)	수량	금액(원)	수량	금액(원)	수량	금액(원)	수량	금액(원)
구들장	㎡	30,000	5.76	172,800	9	270,000	12.96	388,800	20.25	607,500
벽돌	장	50	1,074	53,700	1,680	84,000	2,420	120,950	3,780	189,000
진흙	㎥	10,000	2.88	28,800	4.5	45,000	6.48	64,800	10.13	101,300
구새대 기와	장	1,500	100	150,000	100	150,000	120	180,000	120	180,000
자연석	㎥	40,000	1.44	72,000	2.25	112,500	3.24	162,000	5.06	253,000
모래	㎥	25,000	1.152	28,800	1.8	45,000	2.592	64,800	4.05	101,250
토관	m	10,000	5	50,000	5.5	55,000	6	60,000	6.5	65,000
비닐	㎡	1,000	5.76	5,760	9	9,000	12.96	12,960	20.25	20,250
생석회	kg	100	58	5,800	90	9,000	130	13,000	205	20,500
시멘트	kg	100	115	11,500	180	18,000	259	25,900	405	40,500
여물·해초풀	kg	5,000	5.76	28,800	9	45,000	12.96	64,800	20.25	101,250
장판지 (시공포함)	㎡	23,000	5.76	115,200	9	180,000	12.96	259,200	20.25	405,000
기타 재료비	㎡	10,000	5.76	57,600	9	90,000	12.96	129,600	20.25	202,500
소계				780,760		1,112,500		1,546,810		2,287,050
기능공	인	120,000	3	360,000	4	480,000	5	600,000	6	720,000
보통공	인	80,000	3	240,000	4	320,000	5	480,000	6	480,000
소계				600,000		800,000		1,080,000		1,200,000
운반비(5t)	대	80,000	2	160,000	2.5	200,000	3	240,000	3.5	280,000
기타 경비	㎡	10,000	5.76	57,600	9	90,000	12.96	120,960	20.25	20,250
소계				217,600		290,000		360,960		300,250
합계				1,598,360		2,202,500		2,987,770		3,787,300
온수 난방시			1	500,000		650,000		800,000		1,000,000
총합계				2,098,360		2,852,500		3,787,770		4,787,300

* 본 내역은 실제 시장가격을 반영한 것이지만, 현장 여건과 구들 구조 및 규격에 따라 단가 및 시공비용이 다를 수 있다.

구들 시공 내역에 대한 근거

품명	근거	산출지
구들장	3.3㎡당 약 100,000원 기준	전남 고흥·화순·영암, 전북 고창
벽돌	시멘트벽돌 기준	광주광역시 전역
진흙	15t 1대(약 8㎥)당 80,000원 기준	나주세지, 신북, 왕곡, 봉황 등
기와	한식기와(중와B) 장당 1,500원 기준	동부기와, 고령기와, 노당기와
자연석	호박돌, 담장돌 등의 크기로 15t 1대당 400,000원 기준	전북 남원, 전남 곡성·장흥·영암
모래	15t 1대당 250,000원 기준	광주광역시 전역
토관	m당 10,000원 기준	광주광역시 전역
비닐	㎡당 1,000원 기준	녹자재 판매처
생석회	1포대(40kg)에 4,000원 기준	건자재 판매처
시멘트	1포대(40kg)에 4,000원 기준	건자재 판매처
여물, 해초풀	1kg당 5,000원 기준	건자재 판매처
장판지	각장지 기준 ㎡당 23,000원	벽지·장판 판매처
인건비	실제 현장투입 인력 기준	
온수난방	일반적인 시공비용	
잡석	15ton 1대당 10㎥ 150,000원	
자갈	15ton 1대당 10㎥ 250,000원	

※광주광역시 지역을 현장으로 함.

구들 공사 일위대가표

품명	규격	단위	수량	재료비 단가	재료비 금액	노무비 단가	노무비 금액	경비 단가	경비 금액	합계
아궁이 바닥(생석회 잡석 다짐)										
이맛돌	800×150×200	㎥	0.045	50,000	2,250					2,250
붓돌	600×150×200	㎥	0.036	50,000	1,800					1,800
잡석		㎥	0.2	12,000	2,400					2,400
진흙		㎥	0.3	10,000	3,000					3,000
생석회	박회	kg	4	100	400					400
시멘트		kg	6	100	600					600
모래		㎥	0.2	25,000	5,000					5,000
구들공		인	0.2			120,000	24,000			24,000
일반인부		인	0.2			80,000	16,000			16,000
운반비		대	0.2					80,000	16,000	16,000
계										71,450

품명	규격	단위	수량	재료비		노무비		경비		합계
				단가	금액	단가	금액	단가	금액	
바닥공사 (생석회 잡석 다짐)										
잡석	∅150 내외	㎥	0.2	15,000	3,000					3,000
채움자갈	40㎜	㎥	0.2	20,000	4,000					4,000
생석회	박회	kg	10	100	1,000					1,000
진흙		㎥	0.2	10,000	2,000					2,000
구들공		인	0.1			120,000	12,000			12,000
일반인부		인	0.1			80,000	8,000			8,000
운반비		대	0.1					80,000	8,000	8,000
계										38,000
두둑공사 〈0.25㎥〉										
자연석		㎥	0.1	50,000	5,000					5,000
벽돌		장	186	50	9,300					9,300
잡석		㎥	0.2	15,000	3,000					3,000
진흙		㎥	0.1	10,000	1,000					1,000
생석회		kg	5	100	500					500
구들공		인	0.1			120,000	12,000			12,000
일반인부		인	0.1			80,000	8,000			8,000
운반비		대	0.05					80,000	4,000	4,000
계										42,800
재래식 구들 놓기 (초새, 재새, 정벌 포함)										
구들장		㎡	1	30,000	30,000					30,000
(자갈)		㎥	0.12	25,000	3,000					3,000
진흙		㎥	0.2	10,000	2,000					2,000
시멘트		kg	5	100	500					500
모래		㎥	0.05	25,000	1,250					1,250
장작		kg	4	1,000	4,000					4,000
구들공		인	0.3			120,000	36,000			36,000
미장공		인	0.1			120,000	12,000			12,000
일반인부		인	0.3			80,000	24,000			24,000
운반비		대	0.2			80,000	16,000			16,000
계										128,750
재래식 구들 놓기 (초새, 재새, 정벌 포함)										
자연석		㎥	0.05	50,000	2,500					2,500
잡석		㎡	0.1	15,000	1,500					1,500
진흙		㎥	0.1	10,000	1,000					1,000
모래		㎥	0.1	20,000	2,000					2,000
생석회		kg	5	100	500					500

품명	규격	단위	수량	재료비		노무비		경비		합계
				단가	금액	단가	금액	단가	금액	
구들공		인	0.1			120,000	12,000			12,000
일반인부		인	0.1			80,000	8,000			8,000
운반비		대	0.05					80,000	4,000	4,000
계										31,500
구새 만들기 공사										
한옥기와	중와	장	30	1,500	45,000					45,000
자연석		㎥	0.3	50,000	1,500					1,500
잡석(자갈)		㎥	0.3	25,000	7,500					7,500
진흙		㎥	0.5	10,000	5,000					5,000
모래		㎥	0.3	25,000	7,500					7,500
생석회		kg	15	100	1,500					1,500
시멘트		kg	30	100	3,000					3,000
토관		m	3	10,000	30,000					30,000
구새		개	1	5,000	5,000					5,000
벽돌		장	200	50	10,000					10,000
구들공		인	0.3			120,000	36,000			36,000
일반인부		인	0.3			80,000	24,000			24,000
운반비		대	0.3					80,000	24,000	24,000
계										200,000
장판지 깔기 ㎡										
초배지		㎡	1.2	1,050	1,260					1,260
재배지		㎡	1.2	1,760	2,112					2,112
정벌바름		㎡	1.1	105	115.5					115.5
장판지		㎡	1.1	1,068	1,174.80					1,174.80
풀		kg	0.175	1,000	175					175
도배공		인	0.1			120,000	12,000			12,000
일반인부		인	0.1			80,000	8,000			8,000
계										24,837.3
고막이 쌓기 1m (200×500 기준)										
자연석		㎥	0.1	50,000	5,000					5,000
잡석		㎥	0.1	25,000	2,500					2,500
진흙		㎥	0.1	10,000	10,000					10,000
생석회		kg	5	100	500					500
구들공		인	0.1			120,000	12,000			12,000
미장공		인	0.1			120,000	12,000			12,000
일반인부		인	0.1			80,000	8,000			8,000
계										50,000

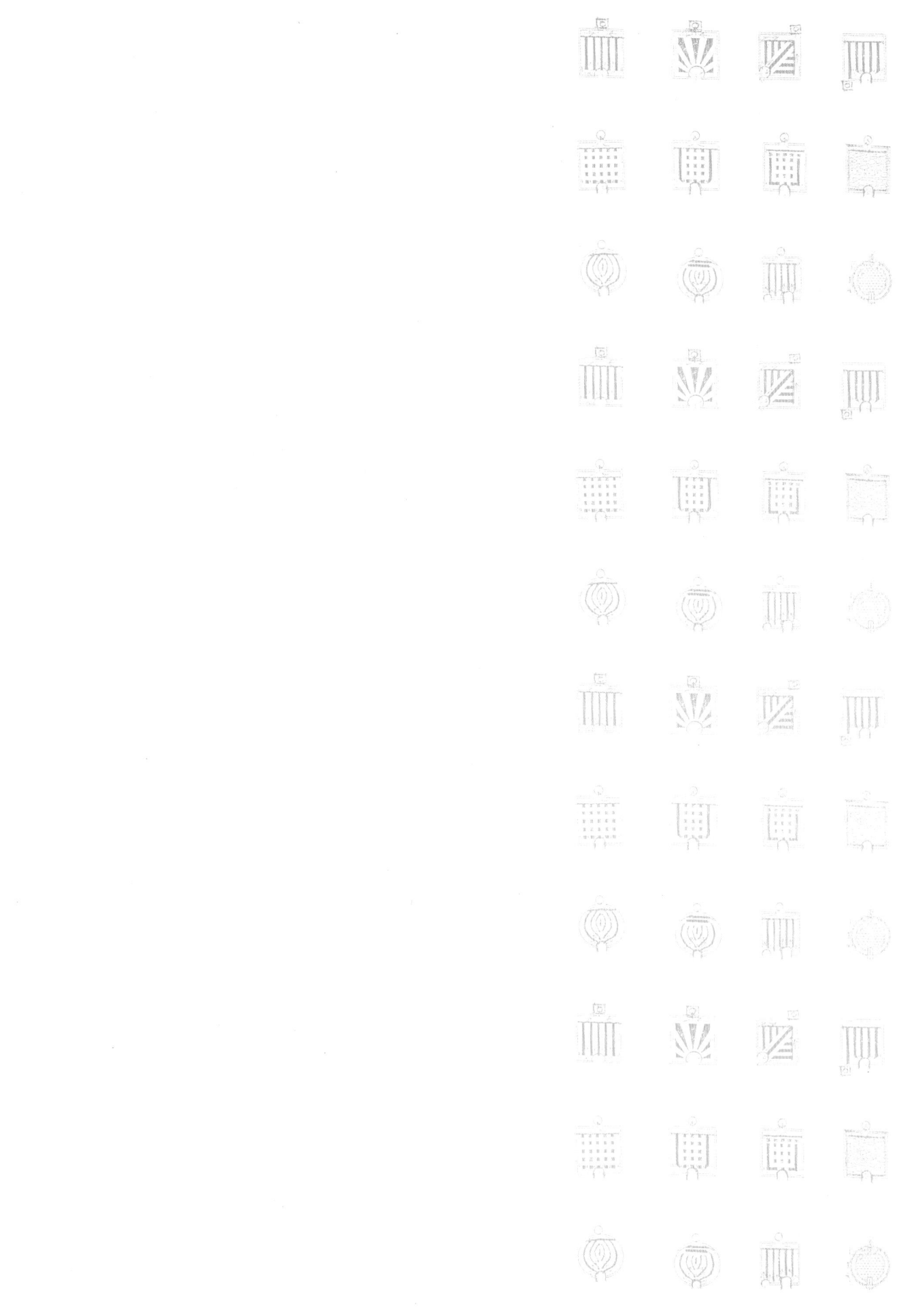

각종 참고
자료

부록 1

1 건축 인허가 절차 및 방법

건축 신고 및 허가 대상 주택

(1) 신고와 허가의 차이점

건축허가

- 건축물을 건축하거나 대수선하려는 자는 특별자치도지사 도는 시장, 군수, 구청장의 허가를 받아야 한다(건축법 제11조).
- 건축허가 신청 시 제출하는 설계도서는 반드시 건축사가 작성하고 공사 감리자를 지정하여야 한다. 그리고 건축허가 수수료를 납부해야 한다(허가 대상처 : 관할 시 · 군 · 구청 건축과).

건축신고

- 허가 대상 건축물이라도 일정 기준 이내의 경우에는 미리 시장, 군수, 구청장에게 신고를 하면 건축허가를 받은 것으로 본다(건축법 제14조).
- 건축신고의 경우에는 건축사를 빈드시 거쳐야 하는 규성을 적용받지 않으므로 절차가 간단하다. 그러나 건축허가와 건축신고 모두 건축법의 규정을 준수하여야 한다(신고 대상처 : 관할 동 · 읍 · 면장).

여기서 건축신고라고 하면 신고만 하고 내가 원하는 대로 집을 지으면 그만일 것으로 생각할 수도 있다. 하지만 건축신고를 하고 제멋대로 집을 지어 들어가 살 수 없도록 법으로 규정하고 있다. 건축신고 대상의 건물일지라도 건축허가와 마찬가지로 건축물이 완성된 후에 사용승인(준공검사)을 받은 후 입주해야 한다. 사실상 건축신고라는 용어 대신 약식 건축허가라는 말로 인식해야 할 것으로 생각된다.

착공신고

건축주는 착공신고서, 공사관계자(설계자, 시공자, 감리자) 상호간의 계약서 사본, 그리고 설계도서를 관할 행정기관에 제출하고 착공신고필증을 교부받은 후에 공사를 진행하게 된다(통상 설계자가 신고업무를 대행함).

구분	건축신고 대상 주택	건축허가 대상 주택
면적	• 연면적 합계가 100㎡ 이하의 건축물 (단, 도시지역 외는 연면적 200㎡(약 60평), 3층 미만) • 바닥면적 85㎡ 이내의 증축, 개축	• 연면적의 합계가 100㎡(약 30평)를 초과하는 건축물
도서 작성자	• 건축주, 시공자	• 건축사(설계자)
법적 제한사항	• 기본적인 사항만 검토 건축신고-착공신고-중간검사-사용승인	• 건축허가의 제한사항 있음 건축허가-착공신고-중간검사-사용승인
준비 서류 및 도서	• 건축신고서 • 토지이용계획확인원 • 토지등기부등본 • 토지대장 • 건물배치도, 평면도만 작성	• 건축허가 신청서 • 건축허가 검사조사서 • 토지이용계획확인원 • 토지등기부등본 • 토지대장 • 건축도면(배치도, 평면도, 단면도, 입면도 등) • 정화조 관련시설 • 통신도 및 오배수 계통도

※기타 준비서류
  −농지전용 협의서류(전, 답의 경우에 한함)
  −산지전용 협의서류(임야인 경우에 한함)
  −개발행위 허가(신고) 협의서류(전, 답, 임야인 경우에 한함)
※바닥 면적의 합계가 85㎡ 이내의 증축, 개축, 재축의 경우도 신고만으로 가능함.
※건축신고를 한 자가 신고일로부터 1년 이내에 공사에 착수하지 아니하면 신고의 효력은 없어진다.

각종 전원(황토)주택 인허가 방법

전원주택을 시공하는 일은 적지 않은 예산을 필요로 한다. 따라서 전원주택을 처음 시공하기 전 인허가를 받는 일부터 철저히 준비해야만 규모 있고 만족스러운 전원주택 마련의 꿈을 이룰 수 있을 것이다.

(1) 일반 대지에 전원(황토)주택 짓기

건축을 하기 위해서는 대지(건축을 할 수 있는 땅)가 필요하다. 법적으로 대지에 대해서는 도시 지역 외에서 전용면적 200㎡(60평)까지는 신고만으로도 건축이 가능하다. 대지는 농지나 임야처럼 거래가 까다롭지도 않고 건축면적의 제한도 덜 받는다. 그러나 우리나라처럼 인구밀도가 높은 곳에서 대지의 공급은 한계가 있기 때문에 가격도 비싸고 구입하기도 쉽지 않다.

(2) 논밭에 전원(황토)주택 짓기(농지전용 허가)

도시인이 농지에 전원주택을 짓기 위해서는 농지전용 허가를 받아야 한다. 그러나 그 절차가 그렇게 쉬운 것이 아니다. 농지전용은 원칙적으로 땅 주인만이 신청할 수 있게 되어 있다. 그러나 소유권을 이전하는 당해 연도에는 전용허가가 나지 않는다. 따라서 당해 연도에 집을 지으려면 소유권을 이전하기 전에 토지사용승낙서를 받아서 전용허가를 받은 뒤 이전을 해야 한다.

※토지사용승낙서
땅주인과 매매계약을 체결하고 토지사용승낙서를 받으면 자신의 땅이 아니라도 농지전용 신청을 할 수 있다. 토지사용승낙서는 그 땅을 사용할 수 있는 권한을 갖는 것으로, 소유권이전등기를 한 것과 같은 효력을 갖게 된다. 토지사용승낙서를 받으려면 최소한 땅값의 70% 정도는 지불해야 가능하다. 이때 토지 소유주의 인감이 첨부되어야 효력이 있다. 구비서류는 등기부등본, 지적도, 토지대장, 토지이용계획확인원, 피해방지계획서 등이다. 이 서류를 농지 소재지 관할 읍면 농지관리위원회에 제출하면 된다. 이렇게 제출된 서류는 일주일에서 보름 사이에 열리는 소위원회에서 집을 지을 수 있는지, 전용면적은 적당한지, 인근 농지에 미치는 영향은 없는지, 지역주민의 의견은 어떤지 등을 심사하여 위원들의 과반수 이상이 찬성하면 7일 이내에 허가 여부를 시장이나 군수에게 송부한다. 이를 송부 받은 시장이나 군수는 15일 내에 허가를 내주게 된다. 농지관리위원회는 읍(면)장과 이(동)장, 농협과 관련된 기관의 임직원, 새마을지도자, 농민후계자 등 지역 유지들로 구성되어 있다.

※ 대체농지조성비와 농지전용부담금

전용허가가 나오면 대체농지조성비와 농지전용부담금을 납부해야 한다. 농지를 대지로 전용하게 되면 그만큼 농지가 줄어들게 되어 줄어든 만큼의 농지를 새로 조성해야 하는데, 여기에 필요한 재원을 확보하기 위해 대체조성비를 물게 된다.

–대체농지조성비는 평당 전은 7,140원, 답은 11,900원이었으나 1999년 2월부터는 경지정리가 안 된 전답은 모두 ㎡당 4,500원(평당 14,876원), 임야는 ㎡당 889원(평당 2,939원)으로 통일되었다. 따라서 대체조성비가 전은 약 200%, 답은 25% 정도 상승한 셈이다.

–농지전용부담금은 농지를 전용함으로써 생기는 이익의 일부를 징수하여 농어촌 구조개선사업의 재원으로 사용하기 위해 부과한다. 보통 부과액은 전용농지 공시지가 총액의 20%로 정해져 있다. 농어촌진흥공사로부터 납부통지서를 받아 납부하면 된다. 60일 범위 내에서 1회에 한해 연장이 가능하며 납부를 하지 않으면 전용허가가 취소된다. 하지만 부지 면적 200평 한도 내에서 농가주택을 짓기 위한 농지전용은 전용부담금 전액이 면제된다.

전용허가를 받고 나서 허가일로부터 2년 이내에 건축에 착공하고, 착공 후 1년 이내에 공사를 완료하지 않으면 허가가 취소되고 농지처분명령이 내려진다. 농지처분명령을 받고 1년 이내에 처분하지 않으면 다시 강제명령이 내려진다. 그래도 일정을 넘겨 처분하지 않으면 이행강제금을 물게 된다.

(3) 임야에 전원(황토)주택 짓기(산림형질변경)

대지가 부족하기 때문에 산림에 대해 형질변경을 신청하여 시공하는 경우도 있다. 산림형질변경허가를 신청할 때는 사업계획서와 훼손된 임야의 실측도 및 벌채구역도, 산림의 소유권 또는 사용수익권을 증명할 수 있는 서류를 갖추어 시장이나 군수, 또는 영림서에 제출하면 된다. 시장이나 군수는 도로 상황, 묘지와의 이격거리, 주민들의 민원 여부 등을 확인하여 허가를 내준다.

※대체조림비와 전용부담금

—산림형질변경허가를 받고 대체조림비와 전용부담금을 납부해야 허가증을 받을 수 있고, 비로소 공사에 착수할 수 있다. 농지전용 시 대체농지조성비를 납부하듯 산림형질변경 시에는 대체조림비를 내게 되는데, 평당 비용은 7년생 잣나무의 묘목 값에 식재 후 5년까지의 육림비을 합하여 매년 산림청장이 고시하고 있다. 보통 3,000원 이내에서 결정된다.

—전용부담금은 농지전용과 마찬가지로 공시지가의 20%이다. 이들 비용은 20~90일 이내의 범위 내에서 납부하게 되는데, 액수에 따라 50만 원 이하면 30일, 5천만 원 이하면 60일, 5천만 원 이상이면 90일 안에 납부하도록 되어 있다. 농지와 마찬가지로 자진납부도 할 수 있다.

산림형질변경허가를 받았으면 허가받은 날로부터 3개월 이내에 사업에 착수하여야 한다. 6개월 이상 사업이 진행되지 않았을 때는 허가가 취소된다. 건축물 시설공사가 30%의 공정을 보이면 준공허가를 신청할 수 있고, 준공허가를 받으면 대지로 지목이 변경된다. 농지와 마찬가지로 형질변경허가를 신청하기 전에 형질변경이 가능한 면적을 지자체에서 확인하는 것이 좋다. 수도권에서는 보통 건축물 바닥면적의 5~6배나 최내 300평까지 허가를 내주고 있다. 이렇게 형질변경을 통해 대지가 된 경우에는 농지전용보다 3년 빠른 5년만 지나면 다른 용도로 전용이 가능하다.

(4) 그린벨트 내 전원(황토)주택 짓기

그린벨트 내에 전원주택을 짓는 것은 규제가 많아 매우 까다롭다. 그러나 자연환경이 파괴되지 않아 주거 여건이 좋다는 이유로 그린벨트는 전원주택 수요자들에게 꾸준한 관심을 받아 왔다. 그린벨트에서는 원칙적으로 집을 신축할 수 없고, 1회에 한해 기존 건축물의 증개축만 가능하다. 그렇기 때문에 원주민이 아닌 외지인이 그린벨트 내의 땅을 구입하여 전원주택을 짓기는 매우 힘들다. 그러나 방법이 없는 것은 아니다. 외지인도 그린벨트 내 기존의 구옥을 구입하여 증개축을 하든가, 이축권을 이용하는 방법으로 전원주택을 지을 수 있다.

원주민은 그린벨트에 90평 이내의 집을 지을 수 있다. 현재 시행되고 있는 도시계획법 시행규칙에 따르면, 그린벨트 내에 건축 가능한 주택의 규모를 거주기간에 따라 분류하고 있다. 그린벨트로 지정되기 이전부터 그곳에 살고 있는 원주민의 경우는 기존 주택을 3층 이하 건평 90평($300m^2$)까지 증개축이 가능하고, 5년 이상 거주자는 40평($132m^2$)까지만 주택을 지을 수 있다. 원주민이 지은 90평 중 30평은 직계비속에 한해 자녀분가용으로 분할등기도 가능하다. 그러나 그린벨트에 들어가 처음 집을 지으려는 사람은 30평($100m^2$)까지밖에 짓지 못한다. 그것도 그린벨트 내의 기존 주택을 구입하였을 때에 한해서다. 하지만 이축권을 구입, 원주민의 이름으로 증개축을 하거나 이축을 한 후 자신의 명의로 소유권을 이전하면 60평 주택의 주인이 될 수 있다.

※이축권을 이용한 주택 신축 방법

이축권이란, 기존 주택의 주거환경이 나빠져서 인근 지역으로 집을 옮겨 지을 수 있는 권리를 말한다. 그린벨트 내에서 이축권을 행사할 수 있는 경우는 도로 개설 등 공익사업으로 집이 철거된 경우, 수해지역으로 이전이 불가피한 경우, 그린벨트로 지정되기 전 다른 사람의 땅을 임대하여 주택을 지었는데 토지 소유자가 재임대를 거부해 할수 없이 집을 옮겨야 하는 경우다. 이축권을 갖고 있더라도 옮겨 지을 수 있는 지역을 제한하고 있다. 원칙적으로 같은 시군 지역의 나대지 또는 잡종지로 한정하고 있으나, 현재는 지목에 구별 없이 임야가 아니면 이축이 가능하고, 나대지에는 이축권 없이도 2000년 4월부터는 집을 지을 수 있다. 최근 그린벨트 내에 카페나 음식점이 유행하고 있는데, 기존의 건물을 카페나 음식점으로 용도변경을 하기 위해서는 5년 이상 그곳에 거주하여야 한다.

(5) 황토주택 건축 절차

①입지 선정

②자금 준비

③집터 장만

④주거의 평면 구상

⑤건축 설계 및 허가(신고)

⑥토목공사

⑦자재 구입

⑧착공신고

⑨건축공사

⑩준공검사 및 등기

주택 신축 시 각종 세금

(1) 취득세

• 과세 대상 : 주택을 신축하는 경우

• 세율 : 취득가액의 2%

• 납부 방법 : 취득일로부터 30일 이내 관할 시·군·구청에 신고 납부

(2)농어촌특별세

• 취득세의 10%(취득세 납부 시 함께 납부). 단, 전용면적 85㎡(25.7평) 이하 국민주택과 농가 1주택은 감면

(3)등록세

• 과세 대상 : 주택을 등기하기 전
• 세율 : 취득가액의 0.8%(신축 시)
• 납부 방법 : 취득일로부터 60일 이내 납부

(4)지방교육세

• 등록세의 20%(등록세 납부 시 함께 납부)

※취득가액

취득자가 신고한 가액으로 하되 신고를 하지 아니하거나 신고한 금액이 시가표준액에 미달할 때는 시가표준액으로 계산한다. 다만 국가 또는 법인 등과의 거래로 취득가액이 입증되는 경우에는 실제로 거래한 취득가액에 의하여 계산한다.

※시가표준액

토지 : 취득일 현재의 개별공시지가보 계산하되 취득일 현재 당해 연도에 적용할 개별공시지가가 결정되지 아니한 때에는 직전 연도의 개별공시지가를 적용한다.
건물 : 당해 지방자치단체의 장이 결정한 매년 1월 1일 현재의 가액을 말한다.

2 각종 시공 관련 참고자료

황토방 시공 관련 자료

(1) 황토방 시공 견적단가(2010년 10월 기준)

1. 2평형 기준(나대지 건축)

자재비

소요 자재	규격	소요량	단가	금액	세부 내용
기초콘크리트	300×300	1㎥	60,000	60,000	2600×2600(총길이 10.4m)
6″시멘트블럭	400×200×150	84장	600	50,400	
4″시멘트블럭	400×200×100	50장	500	25,000	
시멘트벽돌	200×90×60	200장	60	12,000	
시멘트	40㎏/포	10포	4,500	45,000	
모래	규사(강사)	1㎥	45,000	45,000	
주춧돌	∅400	4EA	30,000	120,000	
원목기둥	∅240×2700	4본	84,000	336,000	외송,미송 본피만 제거
원목 보, 도리	∅240×3000	4본	93,300	373,200	〃
종도리	∅400×800	1본	69,120	69,120	〃
추녀목	∅120×2700	4본	14,000	56,000	낙엽송,외송 본피만 제거
서까래	∅100×2700	36본	10,000	360,000	낙엽송 본피만 제거
평고대 목재	45×45 각재	100사이	1,800	180,000	일반 목재
12㎜ 목재	2440×1220	12장	18,000	216,000	

소요 자재	규격	소요량	단가	금액	세부 내용
방수시트	10m×1m	2롤	25,000	50,000	
지붕 황토	자연 막토	1.5㎥	100,000	150,000	2,400kg/지붕 단열 및 부토 10㎝
피죽	제재 상태	6평	12,000	72,000	나무껍질목
황토벽돌	300×150×150	400장	1,600	640,000	13단 높이
조적용 황토	25kg (300원/kg당)	24포	7,500	180,000	장당1.3~1.5kg소요(평균1.4kg) 총 600kg
미장용 황토	25kg (340원/kg당)	24포	8,500	204,000	미장 1㎝ 기준 내외벽 총11평 (천장, 바닥 별도)
구들장	현무암 자연석	2평	150,000	300,000	오석구들 및 현무암 각재(500×500) 는 별도 추가
내화물	680×230×65T	5장	20,000	100,000	아궁이 상판용
내화벽돌	230×100×65T	200장	1,500	300,000	아궁이 50장, 구들받침 75장/평당
체 친 황토	1빽(0.8T)	1톤	150,000	150,000	벽, 바닥 마감용 15㎜ 기준
규사	기능성운모	200kg	600	120,000	일라이트, 맥반석 중 선택
황토 본타일	1말(25kg)	2말	30,000	60,000	천장용 황토, 석고보드, 합판 등에 쉽게 시공
출입문(나무)	1700×800	1세트	170,000	170,000	세살문+문틀
창호	1000×800	1세트	230,000	230,000	샤시창호-외부, 목창호-내부
화이바글라스	1m×1m	20㎡	1,500	30,000	외벽만 사용
불문	350(L)×300(H)	1EA	50,000	50,000	주물/주문형(500×400)은 15만 원
굴뚝	Ø200×4m	1EA	20,000	20,000	PH관 / 스텐, 아연 등은 옵션
식물성풀	500g	10EA	10,000	100,000	고구마 목화 전분
오일스텐	갤런	2말	35,000	70,000	1갤런=3.7kg(3.78L)
잡자재				200,000	각종 소요 철물류 및 기타
조명공사				200,000	스위치, 콘센트, 전구, 전기선
소계				5,343,720	

인건비 및 기타

구분	소요 인원	임금	금액	세부 내용
목공	5	150,000	750,000	1인 5일 또는 2인 2.5일
조적	2	150,000	300,000	
미장	6	150,000	900,000	구들 시공 포함
인부	20	80,000	1,600,000	기초 파기, 고운반
운송료			200,000	
소계			3,750,000	
공과잡비(10%)			909,372	누계 9,093,720의 10%
기업이윤(10%)			1,000,309	누계 10,003,092의 10%
TOTAL			11,003,401	평당 5,500,000

2. 3평형 기준(나대지 건축)

자재비

소요 자재	규격	소요량	단가	금액	세부내용
기초콘크리트	300×300	1.2㎥	60,000	72,000	3000×3300(총길이 12.6m)
6″시멘트블럭	400×200×150	95장	600	57,000	
4″시멘트블럭	400×200×100	50장	500	25,000	
시멘트벽돌	200×90×60	200장	60	12,000	
시멘트	40kg/포	10포	4,500	45,000	기초콘크리트 포함
모래	규사(강사)	1㎥	45,000	45,000	
주춧돌	Ø400	4EA	30,000	120,000	
원목기둥	Ø240×2500	4본	77,760	311,040	본피만 제거
원목보	Ø240×3400	2본	105,750	211,500	″
원목도리	Ø240×4200	2본	130,640	261,280	″
종도리	Ø240×3400	2본	105,750	211,500	″
추녀목	Ø120×3000	4본	16,000	64,000	나엽송, 외송 본피만 제거
서까래	Ø100×3600	36본	12,000	432,000	본피만 제거
평고대 목재	45×45 각재	120사이	1,800	216,000	일반 목재

소요 자재	규격	소요량	단가	금액	세부내용
12㎜ 목재	2440×1220	16장	18,000	288,000	
방수시트	10m×1m	3롤	25,000	75,000	
지붕황토	자연막토	1.6㎥	100,000	160,000	2,560㎏/지붕 단열 및 부토 10㎝
피죽	제재상태	6평	12,000	72,000	나무껍질목
황토벽돌	300×150×150	500장	1,600	800,000	13단 높이
조적용 황토	25㎏ (300원/㎏당)	28포	7,500	210,000	장당 1.3~1.5㎏ 소요(평균1.4㎏) 총 600㎏
미장용 황토	25㎏ (340원/㎏당)	24포	8,500	204,000	미장 1㎝ 기준 내외벽 총 11평 (천장, 바닥 별두)
구들장	현무암 자연석	3평	150,000	450,000	오석구들 및 현무암 각재(500×500) 는 별도 추가
내화물	680×230×65T	5장	20,000	100,000	아궁이 상판용
내화벽돌	230×100×65T	275장	1,500	412,500	아궁이 50장, 구들 받침 75장/평당
체 친 황토	1빽(0.8T)	1톤	150,000	150,000	벽, 바닥 마감용 15㎜ 기준
규사	기능성운모	250㎏	600	150,000	일라이트, 맥반석 중 선택
황토 본타일	1말(25㎏)	2.5말	30,000	75,000	천장용 황토, 석고보드, 합판 등에 쉽 게 시공
출입문(나무)	1700×800	1세트		170,000	세살문+문틀
창호	1000×800	1세트	230,000	230,000	샤시창호-외부, 목창호-내부 샤시유리 및 철물 포함
화이바글라스	1m×1m	23㎡	1,500	34,500	외벽만 사용
불문	350(L)×300(H)	1EA	50,000	50,000	주물/주문형(500×400)은 15만 원
굴뚝	∅200×4m	1EA	20,000	20,000	PH관/스텐, 아연 등은 옵션
식물성풀	500g	10EA	10,000	100,000	고구마 목화 전분
오일스텐	갤런	2말	35,000	70,000	1갤런=3.7㎏(3.78L)
잡자재				200,000	각종 소요 철물류 및 기타
조명공사				200,000	스위치, 콘세트, 전구, 전기서
소계				6,304,320	

인건비 및 기타

구분	소요 인원	임금	금액	세부 내용
목공	5	150,000	750,000	1인 5일 또는 2인 2.5일
조적	3	150,000	450,000	
미장	6	150,000	900,000	구들 시공 포함
인부	17	80,000	1,360,000	기초 파기, 고운반
운송료			200,000	
소계			3,660,000	
공과잡비(10%)			996,432	누계 9,964,320의 10%
기업이윤(10%)			1,096,075	누계 10,960,752의 10%
TOTAL			12,056,872	평당 4,018,942

3. 4평형 기준(나대지 건축)

자재비

소요 자재	규격	소요량	단가	금액	세부 내용
기초콘크리트	300×300	1.5㎥	60,000	90,000	3000×3300(총길이 15m)
6″시멘트블럭	400×200×150	113장	600	67,800	
4″시멘트블럭	400×200×100	60장	500	30,000	
시멘트벽돌	200×90×60	250장	60	15,000	
시멘트	40㎏/포	12포	4,500	54,000	기초콘크리트 포함
모래	규사(강사)	1.2㎥	45,000	54,000	
주춧돌	Ø400	6EA	30,000	180,000	
원목기둥	Ø240×2700	6본	83,980	503,880	본피만 제거
원목보	Ø240×3600	3본	111,974	335,922	12자 Ø260×3600
	Ø240×4800	2본	149,299	298,598	16자 Ø260×4800
종도리	Ø240×2400	1본	74,649	74,649	42사이
추녀목	Ø120×3600	4본	24,000	96,000	12자 Ø120×3600

소요 자재	규격	소요량	단가	금액	세부 내용
서까래	∅100×3600	40본	12,000	480,000	
일반목재 및 평고대	45×45 각재	150사이	1,500	225,000	일반 목재
12㎜ 목재	2440×1220	20장	18,000	360,000	
방수시트	10m×1m	3롤	25,000	75,000	
지붕황토	자연막토	2㎥	100,000	200,000	3,200kg/지붕 단열 및 부토 10㎝
피죽	제재상태	7평	12,000	84,000	나무껍질목
황토벽돌	300×150×150	600장	1,600	960,000	13단 높이
조적용 황토	25kg (300원/kg당)	32포	7,500	240,000	장당1.3~1.5㎏ 소요(평균 1.4㎏) 800kg
미장용 황토	25kg (340원/kg당)	32포	8,500	272,000	미장 1㎝ 기준 내외벽 총 11평 (천장, 바닥 별도)
구들장	현무암 자연석	4평	150,000	600,000	오석구들 및 현무암각재(500×500)는 별도 추가
내화물	680×230×65T	5장	20,000	100,000	아궁이 상판용
내화벽돌	230×100×65T	350장	1,500	525,000	아궁이 50장, 구들받침 75장×4평
체 친 황토	1백(0.8T)	1톤	150,000	150,000	벽, 바닥 마감용 15㎜ 기준
규사	기능성운모	300kg	600	180,000	일라이트, 맥반석 중 선택
황토 본타일	1말(25kg)	3말	30,000	90,000	천장용 황토, 석고보드, 합판 등에 쉽게 시공
출입문(나무)	1700×800	1세트	170,000	170,000	세살문+문틀
창호	1000×800	2세트	230,000	460,000	샤시창호-외부, 목창호-내부 2세트 샤시유리 및 철물 포함
화이바글라스	1m×1m	26㎡	1,500	39,000	외벽만 사용
불문	350(L)×300(H)	1EA	50,000	50,000	주물/주문형(500×400)은 15만 원
굴뚝	∅200×4m	1EA	20,000	20,000	PH관 / 스텐, 아연 등은 옵션
식물성풀	500g	12EA	10,000	120,000	고구마 목화 전분
오일스텐	겔린	3말	35,000	105,000	1갤런=3.7㎏(3.78L)
잡자재				200,000	각종 소요 철물류 및 기타
조명공사				200,000	스위치, 콘센트, 전구, 전기선
소계				7,704,849	

인건비 및 기타

구분	소요 인원	임금	금액	세부 내용
목공	6	150,000	900,000	2인 3일 또는 1인 6일
조적	3	150,000	450,000	
미장	7	150,000	1,050,000	
인부	20	80,000	1,600,000	기초 파기, 고운반, 보조
운송료			200,000	
소계			4,200,000	
공과잡비(10%)			1,190,485	누계 11,904,849의 10%
기업이윤(10%)			1,309,533	누계 13,095,334의 10%
TOTAL			14,404,867	평당 3,601,216

4. 5평형 기준(나대지 건축)

자재비

소요 자재	규격	소요량	단가	금액	세부 내용
기초콘크리트	300×300	1.8㎥	60,000	108,000	4200×3900(총길이 16.2m)
6"시멘트블럭	400×200×150	122장	600	73,200	
4"시멘트블럭	400×200×100	60장	500	30,000	
시멘트벽돌	200×90×60	250장	60	15,000	
시멘트	40㎏/포	12포	4,500	54,000	
모래	규사(강사)	1.2㎥	45,000	54,000	
주춧돌	Ø400	6EA	30,000	180,000	
원목기둥	Ø240×2700	6본	83,980	503,880	
원목보	Ø240×3900	3본	121,300	363,900	13자 Ø260×3900
	Ø240×5000	2본	155,520	311,040	16.7자 Ø260×5000
종도리	Ø240×2400	1본	74,649	74,649	42사이
추녀목	Ø120×3600	4본	27,990	111,960	12자 Ø120×3600
서까래	Ø100×3600	40본	12,000	480,000	
45×45 각재	200사이	1,800	360,000	일반 목재	
12㎜ 목재	2440×1220	24장	18,000	432,000	9평

소요 자재	규격	소요량	단가	금액	세부 내용
방수시트	10m×1m	4롤	25,000	100,000	
지붕황토	자연막토	2.5㎥	100,000	250,000	4,000㎏/지붕 단열 및 부토 10㎝
피죽	제재상태	8평	12,000	96,000	나무껍질목
황토벽돌	300×150×150	650장	1,600	1,040,000	13단 높이
조적용 황토	25㎏ (300원/㎏당)	34포	7,500	255,000	장당 1.3~1.5㎏ 소요(평균 1.4㎏) 총 850㎏
미장용 황토	25㎏ (340원/㎏당)	36포	8,500	306,000	미장 1㎝ 기준 내외벽 총17.7평 총 900㎏
구들장	현무암자연석	5평	150,000	750,000	오석구들 및 현무암각재(500×500)는 별도 추가
내화물	680×230×65T	6장	20,000	120,000	아궁이 상판용
내화벽돌	230×100×65T	400장	1,500	600,000	아궁이 50장, 구들받침 75장×5평
체 친 황토	1빽(0.8T)	1톤	150,000	150,000	벽, 바닥 마감용 15㎜ 기준
규사	기능성운모	350㎏	600	210,000	일라이트, 맥반석 중 선택
황토 본타일	1말(25㎏)	4말	30,000	120,000	천장용 황토, 석고보드, 합판 등에 쉽게 시공
출입문(나무)	1700×800	1세트	170,000	170,000	세살문+문틀
창호	1000×800	2세트	230,000	460,000	샤시창호-외부, 목창호-내부 각 2세트, 샤시유리, 철물 포함
화이바글라스	1m×1m	30㎡	1,500	45,000	외벽만 사용
불문	350(L)×300(H)	1EA	50,000	50,000	주물/주문형(500×400)은 15만 원
굴뚝	∅200×4m	1EA	20,000	20,000	PH관 / 스텐, 아연 등은 옵션
식물성풀	500g	14EA	10,000	140,000	고구마 목화 전분
오일스텐	갤런	3말	35,000	105,000	1갤런=3.7㎏(3.78L)
잡자재				200,000	각종 소요 철물류 및 기타
조명공사				200,000	스위치, 콘센트, 전구, 전기선
소계				8,538,629	

인건비 및 기타

구분	소요 인원	임금	금액	세부 내용
목공	6	150,000	900,000	1인 5일 또는 2인 2.5일
조적	3	150,000	450,000	
미장	7	150,000	1,050,000	
인부	20	80,000	1,600,000	기초 파기, 고운반, 보조
운송료			200,000	
소계			4,200,000	
공과잡비(10%)			1,273,863	누계 12,738,629의 10%
기업이윤(10%)			1,401,249	누계 14,012,492의 10%
TOTAL			15,413,741	평당 3,082,748

5. 8평형 기준(나대지 건축)

자재비

소요 자재	규격	소요량	단가	금액	세부 내용
기초공사		8	120,000	960,000	
목재	300사이×8	2400	1,800	4,320,000	
합판(지붕)		8	51,000	408,000	
루바		8	108,000	864,000	
방습지 외 7종		8	54,400	435,200	
방수시트		6	25,000	150,000	
슁글		16	35,000	560,000	
일라이트		800	200	160,000	
창호		8	180,000	1,440,000	
황토류 총자재		8	250,000	2,000,000	
부자재+풀		8	56,000	448,000	
타일+축담		8	50,000	400,000	
구들재료		8	200,000	1,600,000	
전기	일식		500,000	500,000	
설비+도기		8	100,000	800,000	
거푸집+비계	일식		400,000	400,000	
소계				15,445,200	

인건비 및 기타

구분	소요 인원	임금	금액	세부 내용
목공	15	200,000	3,000,000	
조적	3	260,000	780,000	
미장	10	260,000	2,600,000	
보통인부	25	100,000	2,500,000	
소계			8,880,000	
공과잡비(10%)			2,432,520	누계 24,325,200의 10%
기업이윤(10%)			2,675,772	누계 26,757,720의 10%
TOTAL			29,433,492	평당 3,679,187

(2) 한옥 평당 기본 자재 소요량(25~30평 기준)

자재	단위	소요량	기준 및 내용
기초 콘크리트	㎥	0.5	슬라브 일반 건축일 때는 1.5㎥
목재	사이	250~450	일반 건축일 때 100사이(서까래 5~6본)
황토벽돌	장	80	전체 조적 시 방바닥 높이에서 상부 서까래 사이까지
순황토	㎥	0.5	지붕 100㎜ 기준, 방바닥 100㎜ 기준
미장 마감용 황토	kg	200	벽체 15㎜, 바닥 25㎜ 기준
창호	짝	1	내창호 기준(샤시 외창은 평으로 환산 시 7평)
유리	평	10	300×300 유리(평)에 한함
타일	평	1	화장실, 다용도, 현관, 기타
철근	kg	25	줄기초일 때, 일반건축 100~120kg
단열재	평	1.6	
방수시트	평	1.8	면적보다 겹치기 소요로 실재보다 증가함
지붕 마감	평	1.6	지붕 경사와 처마길이에 따라 1.5~1.8% 적용

평당 노임 산출

분 야	품수	단위	기준 및 내용
목공	3	인	일반 건축 시 0.8~1.2인 소요
조적공	0.4	인	기초벽, 기본벽, 당골
미장공	1	인	당골, 내외벽, 바닥(천장 0.16인 제외)
보조인부	3.5	인	

※위 표는 1평당 실제 소요되는 내용으로 견적이나 예산 적용 시 참조

(3) 황토재료 면적 대비 소요량

제조황토 미장 시공 시 평당 소요량

(2010년 4월 기준)

	시공 두께	평면일 때	바탕이 불규칙할 때	중 량
1평 (3.3㎡)	5㎜	(25kg)1포	1.5포	
	10㎜	(50kg)2포	3포	
	15㎜	(75kg)3포	4포	
	20㎜	(100kg)4포	5포	

제조황토 재료별 바르는 면적

구분 \ 재료	작업 방법	소요량 (25kg)		평
황토페인트	롤러, 붓 작업	1통	1회	20평
퍼티	미장칼	1통	3㎜	1.5평
퍼티테라코트	미장칼	1통	3㎜	1.5평
본타일	뿜칠	1통	엠보싱 뿌림	7평
	미장칼	1통	3㎜	1.5평

황토벽돌 규격별 소요량

규격 \ 구분	평당 소요량	㎡당 소요량	조적용 모르타르 (25kg)	1일 평균 조적량
200×90×60	237	72장	60장, 1포	700장
300×150×100	109	22장	25장, 1포	300장
300×150×150	72	22장	20장, 1포	250장
300×200×150	72	22장	17장, 1포	250장

(4) 재료별 ㎡당 소요량 및 단가표

(2010년 4월 기준)

품목		규격	소요량	단가	재료비	노무비	비 고
조적용	일반벽돌	200×90×60	75장	55	4,125	15,000	장당 200
	치장벽돌	"	75장	250	18,750	26,250	장당 350
	황토벽돌	"	75장	350	26,250	22,500	장당 300
	황토블록	300×150×150	22장	1,300	28,600	15,400	장당 700
벽마감용	일반시멘트	1㎝ 기준	22㎏	125	2,750	9,200	
	제조황토	"	15㎏	320	4,800	9,200	
	순황토	3㎝ 기준	50㎏	100	5,000	11,000	
	황토본타일	1회 뿌리기	3㎏	1,500	4,500	8,000	바르기 6,000 소요
	황토페인트		0.3㎏	2,250	675	6,000	
	목재루바	스프러스 12㎜		13,600		10,000	
	로그사이딩	120~180×40		30,000		13,000	
	기타 자재						
지붕공사	황토마감	10㎝ 제조황토	6포	42,000		10,000	10평 기준
	피죽마감	자연 상태	㎡	4,000		7,000	"
	아스팔트쉥글	일반 사각	㎡	6,000		6,000	
	초가잇기	1단 깔기 기본	㎡	6,000		7,000	10평 기준
	금속기와		㎡	36,000	자재+시공		
	동기와		㎡	55,000	"		
	적삼목기와		㎡	38,000	"		
	토기와(오지)		㎡	55,000	"		
	토기와(골)		㎡	63,000	"		
	청기와		㎡	63,000	"		

(5) 황토 미장 시공비 산출 내역

(2010년 4월 기준)

NO	시공 분류	산출 내역
(1)	황토 1회 바르기 미장품(마감용 황토 기준)	① 바닥 : ㎡당 0.05인(20mm 미만) 1일 25㎡ 시공 ② 벽 : ㎡당 0.06인(15mm 미만) 1일 20㎡ 시공 ③ 천장 : ㎡당 0.08인(10mm 미만) 1일 15㎡ 시공
(2)	황토 1회 바르기 시공별 ㎡당 가격표 노임부분 : 기술+보조	① 바닥 ㎡당 : 9500+공과잡비10%+이윤10% ② 벽 ㎡당 : 11,500+공과잡비 10%+이윤 10% ③ 천장 ㎡당 : 15,300+공과잡비 10%+이윤 10%
(3)	황토흙 심벽 바르기 ㎡당 재료 및 품 (홑벽 기준, 2중벽일 때 1.5배 적용) (황토 1cm 기준 중량 16kg)	① 초벽 바르기 : 흙 0.036㎥(황토 57kg) 　　　　　　　　모래 0.01㎥, 짚 0.45kg 　　　　　　　　미장 0.03인, 인부 0.04인 ② 맞벽 바르기 : 흙 0.03㎥(황토 48kg) 　　　　　　　　모래 0.01㎥, 짚 0.19kg 　　　　　　　　미장 0.04인, 인부 0.03인 ③ 마감 고름질 : 흙 0.012㎥(황토20kg) 　　　　　　　　모래 0.003㎥ 　　　　　　　　짚 0.034kg 　　　　　　　　미장 0.06인, 인부 0.03인

(4) 용도별 ㎡당 순황토 시공 가격표(1회 바름)

용도	황토	가격	노무비	합계
바닥	48kg	4,800원(3cm 기준)	8,700	13,500
벽	48kg	4,800원(3cm 기준)	10,800	15,600
천장	48kg	4,800원(3cm 기준)	12,000	16,800

※재료 : 짚+수사+부자재+접착제는 별도로 산정합니다.

(5) 황토 25kg/1포 시공 면적

평면일 때 1cm 시공 시 평당 2포 소요	
바탕 면이 불규칙할 때 1cm 시공 시 평당 3포 소요	
황토벽돌 쌓기	300×100×150 / 황토 25kg 1포 - 25장 조적
	300×150×150 / 황토 25kg 1포 - 17장 조적
	300×200×150 / 황토 25kg 1포 - 20장 조적
	200×90×60 / 황토 25kg 1포 - 60장 조적

※ 1품은 250,000원으로 보며(기술+노무), 비계작업은 별도로 가산됩니다.

(6) 면적 환산표

(단위 : m / 환산 : 평)

가로 / 세로	1.82	2.57	3.64	4.45	5.13	5.74	7.04	8.12
1.82	1	1.4	2	2.5	2.8	3.2	3.9	4.5
2.57	1.4	2	2.8	3.5	4	4.5	5.5	6.3
3.64	2	2.8	4	4.9	5.7	6.3	7.8	9
4.45	2.5	3.5	4.9	6	6.9	7.7	9.5	10.9
5.13	2.8	4	5.7	6.9	8	8.9	10.9	12.6
5.74	3.2	4.5	6.3	7.7	8.9	10	12.2	14.1
7.04	3.9	5.5	7.8	9.5	10.9	12.2	15	17.3
8.12	4.5	6.3	9	10.9	12.6	14.1	17.3	20

(7) 부피 환산표

(두께 : cm / 부피 : m³(루베))

면적 / 두께	1m²	3.3m²(1평)	5m²	6.6m²(2평)	8m²	9.9m²(3평)	13.2m²(4평)	16.5m²(5평)
5	0.05	0.165	0.25	0.330	0.40	0.495	0.66	0.825
10	0.10	0.33	0.50	0.66	0.80	0.99	1.32	1.65
15	0.15	0.495	0.75	0.99	1.20	1.485	1.98	2.475
20	0.20	0.66	1.0	1.32	1.6	1.98	2.64	3.3
25	0.25	0.825	1.25	1.65	2.0	2.475	3.3	4.125
30	0.30	0.99	1.50	1.98	2.4	2.97	3.96	4.95
35	0.35	1.155	1.75	2.31	2.8	3.465	4.62	5.775
40	0.40	1.32	2.0	2.64	3.2	3.96	5.28	6.6
45	0.45	1.485	2.25	2.97	3.6	4.455	5.94	7.425
50	0.50	1.65	2.5	3.3	4.0	4.95	6.6	8.25

(8) 재료별 규격과 1톤 시공 소요량

품목	규격	1톤당 ㎡ 시공	1톤당 평 시공	1㎡당 kg 소요
자갈+막석 ㎥=1.8ton	10mm	58.00㎡	17.58평	17.2kg
	15mm	38.60㎡	11.70평	25.8kg
	20mm	29.00㎡	8.79평	34.4kg
	25mm	23.20²	7.03평	43.0kg
	30mm	19.20㎡	5.82평	51.6kg
	35mm	16.57㎡	5.02평	60.2kg
	40mm	14.50㎡	4.39평	68.8kg
	50mm	11.60㎡	3.52평	86.0kg
	60mm	9.60㎡	2.91평	103.2kg
	70mm	8.30㎡	2.52평	120.4kg
	80mm	7.25㎡	2.20평	137.6kg
	90mm	6.40㎡	1.94평	154.8kg
	100mm	5.80㎡	1.76평	172.9kg

품목	규격	1장	1㎡당 소요	1장 중량
황토벽돌	300×150×150	0.045㎡	22장	9.8kg
	300×100×150	0.030㎡	33장	8kg
	300×200×100	0.060㎡	17장	11kg
	200×60×90-유공	0.012㎡	75장	1.8kg
	200×90×60-무공	0.018㎡	56장	2.1kg
내화벽돌	230×100×60			3.5kg
황옥 판재	300×300×10T			3.8kg
	400×400×12T			5kg
청옥 판재	300×150×10T			1kg
	300×300×12T			2.8kg
녹산옥 판재	400×400×12T			5.9kg
맥반석 판재	300×300×12T	0.090㎡	11장	4.5kg
	300×600×20T	0.180㎡	5.6장	8.6kg
	400×400×20T	0.160㎡	6.3장	5.5kg
	400×600×20T	0.240㎡	4.2장	8.3kg
	600×600×20T	0.360㎡	2.8장	12kg
난석류 ㎡당 소요	불규칙 10~15T			35kg
	불규칙 15~20T			42kg
	불규칙 20~25T			48kg

(9) 재료별 무게 대비표

재료	무게	재료	무게	재료	무게	재료	무게
물	1,000	강철	7,850	아스팔트	1,300	일반목재	650
해수	1,030	주강	7,860	돌	2,600	삼나무	300
눈	660	황동	8,260	깬 돌	1,700	백미송	420
얼음	970	동	8,900	자갈	1,900	회나무	500
휘발유	672	납	11,370	모래	1,700	소나무	560
석유	800	콘크리트	2,300	흙	1,600	적미송	500
중유	950	철근콘크리트	2,400	진흙	1,900	황미송	710
알코올	790	모르타르	1,700	백토	1,700	참나무	964
주철	7,250	시멘트	1,500	화강암	2,800	티크	800
연철	7,800	벽돌	2,000	석회암	2,640		

(10) 수입목 규격별 치수

	ACTUAL SIZE(inch)	ACTUAL SIZE(㎜)
1″×2″	0.75×1.5	19×38
1″×4″	0.75×3.5	19×89
1″×6″	0.75×5.5	19×140
1″×8″	0.75×7.25	19×184
1″×10″	0.75×9.25	19×235
1″×12″	0.75×11.25	19×286
2″×2″	1.5×1.5	38×38
2″×4″	1.5×3.5	38×89
2″×6″	1.5×5.5	38×140
2″×8″	1.5×7.25	38×184
2″×10″	1.5×9.25	38×235
2″×12″	1.5×11.25	38×286
(예)2″×4″×12가 Actual Size일 경우 : 0.038m×0.089m×3.657m×300＝3.71寸		

(11) 원목(목재) 재적 계산법

사이(才) 환산표

尺 (자)	치 치	1	1.5	2	2.5	3	3.5	4	4.5	5	5.5	6	비고
6	1	0.5	0.75	1	1.25	1.5	1.75	2	2.25	2.5	2.75	3	
7	1.5	0.87	1.3	1.75	2.2	2.6	3	3.5	3.93	4.4	4.8	5.25	
8	2	1.3	2	2.7	3.3	4	4.7	5.3	6	6.7	7.3	8	
9	2.5	1.88	2.8	3.75	4.7	5.6	6.56	7.5	8.4	9.3	10.3	11.3	
10	3	2.5	3.75	5	6.25	7.5	8.75	10	11.25	12.5	13.75	15	
11	3.5	3.2	4.8	6.4	8	9.6	11.2	12.8	14.4	16	17.6	19.25	
12	4	4	6	8	10	12	14	16	18	20	22	24	

1치(寸) / cm 환산표

치(寸)	1	1.5	2	2.5	3	3.5	4	4.5	5	5.5	6
cm	3.03	4.55	6.06	7.58	9.09	10.6	12.12	13.6	15.15	16.6	18.18

※ 1사이(才)의 개념

1치(寸)×1치(寸)×12자(尺)

※ 사이(才) 환산법

가로(치)×세로(치)×길이(자)÷12 = ∼ 사이(才) : 척관법

(m = 0.0303×0.0303×3.636×300 = 1사이)　　 : 미터법

예) 길이(2700)×가로(280)×세로(280)

①척관법 : 9자×9.2×9.2÷12 = 63.48사이(cm를 치로 낼 때는 cm÷3.03)

②미터법 : 2.7×0.280×0.280×300 = 63.50사이

※ 원목 재적 계산의 기본 단위

①1才 = 1(寸)×1(寸)×1(尺)　　　②1C/M(㎥) = 1m×1m×1m

③1C/F(ft³) = 1ft×1ft×1ft　　　④1B/F = 1inch×1inch×1inch

(12) 목재 소요 내역서

기준 : 5평(5500×3000)

수종 : 다그러스

단가 : 사이당 2,000원

NO	품목	규격	수량	사이	단가	금액	비고
1	기둥	2700x180x180	6	157.46	2,000	314,920	
2	보아지	600x150x100	12	32.4	2,000	64,800	
3	보아지	3600x220x180	3	128.3	2,000	256,600	
4	도리	3600x220x180	4	171.07	2,000	342,140	
5	종도리	3600x220x180	2	85.53	2,000	171,060	
6	대공	1000x220x180	3	35.64	2,000	71,280	
7	서까래	2700x120x80	32	248.83	2,000	497,660	
합계(VAT 별도)						₩ 1,718,460	

(13) 소금 사용 방법

소금은 지연제, 방부제, 방충제로서 좋은 효과를 나타내나 백화나 분리, 부식, 산화시키는 성질도 가지고 있다.

목재

소금을 목재 기둥 밑에 뿌리면 염수가 빠지면서 방부·방충의 효과를 볼 수 있다. 시공 시 기둥 하부에 구멍을 파서 소금을 넣으면 습기를 빨아들이면서 염수가 빠져 방부 및 방충의 역할을 해준다.

철

염수를 받으면 철제가 부식된다(암모니아와 같은 성질).

황토방

벌레 퇴치 및 습윤 지연제의 효과가 있다. 황토방에 소금을 뿌리려면 구들 시공 후 황토 마감을 하고 불을 지펴 방을 말리면서 바닥에 왕소금을 뿌리면 습기가 올라오면서 염수가 빠진다. 이때 고무신 같은 요철이 없는 신발을 신고 방을 골고루 밟아주면 강도도 강해지고, 염수가 지연제 역할을 해주기 때문에 천천히 굳어 균열이 적게 발생한다.

벽체

미장 시 소금을 첨가하면

−지연제 역할을 해 건조가 빨리 되지 않는다.

−백화가 발생하여 벽에 하얗게 얼룩이 생긴다.

−백화를 품어내며 분리현상을 일으킨다.

−벽체를 산화시켜 부슬부슬 떨어지게 한다.

바닥을 순황토로 시공하려면

초벌 작업

① 기존 바닥이 부토부터 기포콘크리트까지 마감되었다고 보고, 난방관 하부에서 미장 마감선을 4~5㎝ 이내로 한다.

② 압축단열재부터 열차단재까지 깐 후 와이어메쉬를 깔고 난방관을 20㎝ 내외 간격으로 고정한다.

③ 순황토(막토)와 25㎜ 이하 크기의 자갈(석분, 크락샤 자갈, 자연석 콩자갈)을 5:5 비율로 혼합한다.

④ 황토는 본 땅을 팔 때 수분 상태에서 난방관 사이에 관 높이만큼 채워 수평을 맞추어 잘 고름질하고 잘 밟아 다진 후 마감하면 된다.

마감 작업

① 마감하고자 하는 높이는 난방관 위에서 1.5~2㎝ 지점에 수평 표시를 한다.

② 고급 황토나 순황토 7%, 규사(모래) 3%(황토의 점질이나 규사 입자에 따라 6%나 4%도 가능하다)를 저당히 배합한다(양동이에 담았을 때 30분 안에 물이 올라오지 않을 정도).

③ 초벌 바탕에 물뿌리개로 약간의 물(이슬이 내린 정도)을 뿌려주고 미장칼로 수평을 맞추어 마무리한다.

④ 강도를 좋게 하거나 바탕면 처리를 원만하게 하기 위해 마감 후 약간 건조기에 들어갈 때 재벌 문지르기를 하면 아주 좋다(순황토는 문지르면 문지를수록 강해지며 광택이 나는 소재다).

※참고사항

① 마감 건조 후 자연토의 수축현상으로 균열이 발생하게 되는데, 문지르기에 따라 강도에 변화가 생길 수 있고 균열이 감소한다.

② 순황토 작업 시 자연 식물성 풀을 혼합하면 마르는 속도가 느려질 수 있다. 그것을 감안하여 점도를 낮추거나 경화성 소재를 혼합할 것인지 선택해야 한다.

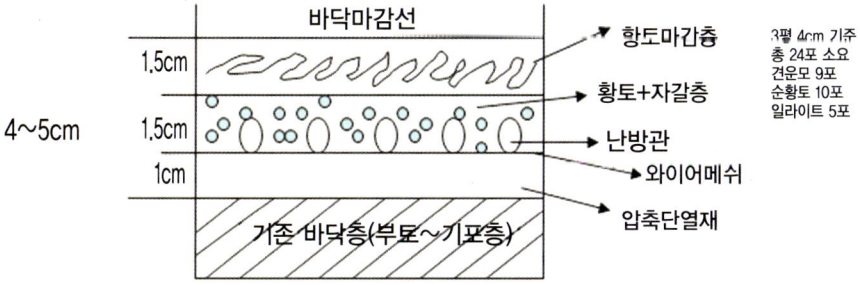

바닥을 순황토와 제조황토를 혼합해 시공하려면

초벌 작업

① 난방관까지는 순황토 방법과 동일하게 시공하고, 순황토와 제조황토, 기능성 자재(견운모나 일라이트, 맥반석 중 선택)를 1:1:2로 혼합하여(규격은 25㎜ 이내) 순황토 시공 방법과 동일하게 배합한다.

② 난방관 사이에 관 높이만큼 채워 수평을 맞춰 밟아가며 잘 고름질하고 마감을 하면 된다.

마감 작업

① 순황토와 제조황토, 규사를 2:1:1의 비율로 혼합해 미장하면 된다. 순황토만으로 시공했을 때보다는 균열이 적게 가지만, 순황토가 혼합되었으므로 약간의 균열은 감수해야 한다.

※제조황토를 사용해 시공할 때

순황토 시공 방법과 동일하다. 마감은 제조황토로만 할 수도 있고 기능성 자재를 혼합할 수도 있다.

※권하고 싶은 방법(기능성 자재를 이용한 마감 방법)

난방관 설치 후 견운모, 일라이트, 제조황토를 5 : 3 : 2의 비율로 잘 혼합하여 약간의 물을 붓고 비벼서 난방관 높이까지 깔고 잘 다져 마감하면 된다.
마감재로는 일라이트와 맥반석, 게르마늄, 제조황토 중 하나와 채를 친 순황토를 3 : 1의 비율로 혼합해 사용한다.

※부토층을 기능성으로 하려면

보통 부토층을 10㎝ 내외로 하고 순황토, 제조황토, 맥반석, 게르마늄, 옥석을 섞어 80㎜ 이하로 깔고 잘 다진 후 상부 작업을 하면 된다.

바닥은 미장 마감 후 3일간 자연 건조를 하고 나머지 시간은 열 건조를 하는 것이 좋다. 건조되기 전에 사용하게 되면 바탕이 응고되지 않고 파괴되며, 부슬부슬 일어나는 현상이 일어난다. 순황토를 마감용으로 사용할 때는 덩어리가 없는 것으로 사용하는 게 좋다.

천장 황토 미장하기

천장 서까래 사이 합판이나 석고 목판재가 노출된 곳에는 화이바글라스 망을 택(납작못)으로 고정하고 접착제를 바른 후 준비된 본타일, 제조황토, 순황토 중 한 가지를 선택하여 골고루 발라준다. 여기에서 화이바글라스 망은 망 간격이 8mm 이상 되는 것을 써야 하는데, 간격이 좁으면 미장하는 황토가 망 속까지 들어가지 못해 하자의 원인이 된다.

본타일은 5mm 이내로 미장하고, 제조황토는 1cm 내외로 미장한다. 순황토는 황토와 규사(일라이트, 맥반석, 게르마늄, 옥에서 선택)와 식물성 풀을 혼합하여 접착성이 좋도록 만든다. 접착제는 식물성 풀을 물에 혼합하여 사용하도록 한다. 미장할 때 합판 연결 부분이 노출되어 있다면 접착제를 충분히 바르고, 화이바테이프(Fiber-Tape, Joint-Tape)를 바른 후 미장을 해야 연결 부위의 균열을 완화시킬 수 있다.

황토벽돌 내·외벽 미장하기

내벽 미장하기

신축할 때 천장과 만나는 벽체 상부 서까래와 서까래 사이 공간 쌓기는 벽 두께를 감안하여 반반씩 나누어 한 면만 작은 벽돌로 막고 중간에 단열을 충분히 한 뒤 남은 한 면을 마감할 수 있도록 막는다.

벽체 조적을 할 때 보와 만나는 마지막 단은 벽돌이 수축할 것을 감안하여 모르타르로 사춤을 잘 하고, 벽돌과 벽돌 메지(이음매) 사이에 도리보에 90㎜ 이상의 못을 2개씩 박아주는 것이 좋다.

벽체 조적을 한 뒤 벽돌과 메지 모르타르가 수축하여 보와 벽에 약간의 수축 현상이 일어나는데 미장은 조적하고 일주일 후에 하는 것이 좋다. 이때 수축된 부분을 백업제 또는 우레탄으로 사춤하고 다음 공정에 들어가면 된다.

미장 마감 시 바탕에 접착제를 충분히 발라주고, 재료는 천장 미장하는 방법에서 설명한 재료 중 선택한다. 모르타르는 10㎜ 정도의 두께로 마감하는 것이 좋다.

외벽 미장하기

외벽은 비바람으로 인해 습기를 먹고 벽체 분리 현상이 잘 일어난다. 분리 현상을 방지하기 위해서는 망 간격이 8㎜ 이상 되는 화이바글라스를 아연못으로 고정한 뒤 바탕에 접착제를 충분히 바른 다음 지정한 모르타르를 2회 정도 바르는 것이 좋다. 철망을 황토에 사용하는 경우가 있는데, 철망은 나중에 녹이 슬고 부식되기 때문에 자기 역할을 전혀 할 수 없게 된다.

방수를 돕기 위한 목적으로 방수 성능이 있는 소재를 선택해 미장할 때 혼합해서 사용하는 것이 좋다. 방수액으로는 가사리 방수제, 해초풀(도박) 방수제, 기타 수용성 방수제를 혼합할 수 있으며, 2차 코팅 방법으로는 황토 방수액으로 새로 칠을 하거나 발수제를 뿌려줄 수 있다.

황토벽돌 바탕에 순황토 미장하기

황토벽돌 바탕에 황토로 미장을 할 때는 미장 층을 1~1.5㎝ 정도로 하는 것이 무난하다. 원래 황토로 시공하는 이유는 황토의 성분과 기능, 효과를 얻고자 하는 것인데, 벽돌 자체가 황토벽돌이라면 벽돌 자체만으로도 마감을 할 수 있다. 하지만 벽돌의 상태에 따라 바탕 면이 깔끔하지 않고 줄눈 자국이 보이며 나중에 색상 차이가 날 수도 있으므로 가급적 미장을 해주는 것이 좋다.

순황토를 바르기 전 바탕 벽면에 화이바글라스 망을 쳐주어야 하며, 이때 가능하면 아연못이나 아연으로 코팅된 못으로 고정하되 길이는 2.5~3㎝ 정도가 좋다(아스팔트 슁글 못이면 됨).

내벽과 외벽 중 외벽은 필히 섬유망을 쳐주어야 하는데, 그 이유는 비바람에 노출되는 부분으로 습기를 흡수하면 벽면에서 미장층이 떨어지는 현상이 생기기 때문이다. 섬유망을 쳐줌으로써 이런 현상을 최대한 줄일 수 있다.

흔히 주변에서 황토집 외벽을 만져보면 벽면이 울렁거리거나 두드렸을 때 둥둥 소리가 나는 경우가 있는데, 이런 현상은 시공 후 1~3년 사이에 발생한다. 이는 기존 바탕보다 미장층이 더 강하기 때문으로, 강할수록 이런 현상이 더욱 빨리 발생한다. 또한 습기를 충분히 차단하지 못했을 때 나타나게 되는데, 이런 경우는 초벌 미장 시 접착풀칠도 안 하고 섬유망도 치지 않아서 생기는 현상이므로, 이 점을 염두에 두고 차질 없이 시공해야 할 것이다.

시멘트방을 황토방으로 바꾸려면

기존의 일반주택이나 아파트, 빌라 등의 시멘트 마감 면에 황토를 시공하려면, 먼저 제조황토 방법과 순황토 방법 중 선택하여 미장을 하되 그 두께는 제조황토는 1㎝ 이내, 순황토는 3㎝ 이내가 좋다.

제조황토는 모든 배합이 다 되어 있어 물만 부어 바로 바탕에 시공하면 되지만, 순황토는 자연 그대로를 5㎜ 채로 거른 후 접착제, 여물, 규사 등을 혼합하여 바탕에 따라 적절한 조치를 한 후 마감해야 된다.

도배가 되어 있는 천장이나 벽에 황토를 바르려면 도배지는 뗄 수 있는 데까지 떼어낸 후 접착풀칠을 잘 하고 나서 화이바글라스 망을 치고 황토 본타일계로 초벌을 얇게 바른 후 원하는 마감재를 바르면 된다.

바닥을 황토로 시공할 때는 XL호스 난방선까지는 기존 시멘트를 걷어내고 시공하는 방법과 기존 시멘트 바닥 위에 1㎝ 정도 출입문틀을 감안하여 시공하는 방법 중 선택하면 된다.

천장이나 벽에 시각적으로 황토 효과만 보려면 종이는 떨어지는 곳만 뜯어내고 천연 황토페인트나 본타일로 마무리하면 그 분위기를 연출할 수 있다.

기존 벽이 석고보드나 합판 바탕일 때 도배지가 잘 떨어지지 않는다면 먼저 벽에 화이바글라스 망을 치고 접착풀을 바른 후 본타일 제조된 것을 초벌로 얇게 바른다. 그 후에는 어떤 황토 자재로 마감해도 괜찮다. 두께는 1회 1.5㎝ 이상 바르지 않도록 하는 것이 좋다. 그 이유는 자체 중량으로 처지는 현상이 생길 수 있기 때문이다.

황토방 시공 필수 부자재

(1) 접착제

접착제는 그 종류가 너무 많아 우리가 쉽게 사용할 수 있는 것만 정리하기로 한다. 접착제를 크게 나누면 광물성, 동물성, 식물성, 화학성으로 구분할 수 있는데, 가격에도 많은 차이가 있기 때문에 잘 고려해 선택해야 한다.

광물성 : 물유리, 파라핀

화학성 : 아크릴계, 수지, 요소계, PVA

동물성 : 유지, 비누

식물성 : 전분류는 가장 많이 사용하는 접착제로 고구마, 감자, 옥수수, 수수, 닥나무, 밀가루, 쌀, 목화 등이 있고, 해초류에는 미역, 우뭇가사리, 도박(해초) 등이 있다.

※식물성 전분류 접착제의 특징
①냉수에 잘 풀리고 점도 상승이 빠르다.
②냄새가 없고 인체에 무해하다.
③보관과 관리가 편리하다.
④무색투명하며 미관이 깨끗하다.
⑤성분과 효과 면에서 환경오염이 없는 친환경 제품이다.

사용 방법

수돗물 정도의 냉수 1말(18리터)에 식물성 풀 250g을 배합하여 사용한다.

① 1분 이상 충분히 저어준 뒤 10분 후에 사용한다.

② 외벽 방수 효과를 노리거나 황토의 접착을 도와야 될 경우 점도를 높여야 하는데, 물 1~1.5말(18~27리터)에 가루 풀 500g을 혼합하여 1시간 이내에 사용한다.

가루 풀을 바로 사용할 때

① 마른 황토 25kg에 가루 풀 100g 정도를 혼합해 사용한다.

② 풀물 18리터에 황토 25kg 3포 정도를 배합하여 사용한다(수분과 점도에 따라 조절하여 사용한다)

주의사항

① 뜨거운 물에 혼합하지 않는다(식물성 성분이 익어버려 섞이지 않는다).

② 풀을 혼합통에 먼저 붓지 않는다(엉켜서 풀이 풀리지 않는다)

③ 점도를 높여 사용할 경우 혼합 후 1시간 이내에 사용한다(시간이 지나면 전분과 항균제 성분으로 인해 팽창하여 순두부처럼 될 수 있다).

④ 바닥 시공 시에는 많이 첨가하지 않는다(건조 속도가 더뎌진다).

⑤ 두께 2㎝ 이상 시에는 첨가량을 50% 줄인다(1회 바를 때).

⑥ 순황토와 배합할 때는 첨가량을 50% 줄인다.

⑦ 절대 먹어서는 안 된다.

(2) 균열 방지용 여물

볏짚, 왕겨, 마(수사), 면사, 목재(피바), 종이(펄프), 규사, 화이바글라스, 광목 등 작업성에 맞는 자재를 선택한다. 사용량은 작업에 따라 주 자재의 0.1~10% 이내로 사용하는 게 좋다.

(3) 균열 방지용 규사

일반 규사 : 강모래, 가는 마사

기능성 규사 : 일라이트, 맥반석, 게르마늄, 옥, 운모, 견운모

3 경험에 의한 아궁이와 굴뚝 위치에 따른 변화

아궁이 위치가 동쪽일 때

굴뚝 위치가 동쪽이면 : 불 잘 들어감(○)

    ″   서쪽이면 : 불 잘 들어감(○)

    ″   남쪽이면 : 불 안 들어감(×)

    ″   북쪽이면 : 불 잘 들어감(○)

아궁이 위치가 서쪽일 때

굴뚝 위치가 동쪽이면 : 불 잘 들어감(○)

    ″   서쪽이면 : 불 잘 들어감(○)

    ″   남쪽이면 : 불 잘 들어감(○)

    ″   북쪽이면 : 불 잘 들어감(○)

아궁이 위치가 남쪽일 때

굴뚝 위치가 동쪽이면 : 불 잘 들어감(○)

    ″   서쪽이면 : 불 잘 들어감(○)

    ″   남쪽이면 : 불 안 들어감(×)

〃   북쪽이면 : 불 잘 들어감(○)

아궁이 위치가 북쪽일 때

굴뚝 위치가 동쪽이면 : 불 안 들어감(×)

〃   서쪽이면 : 불 잘 들어감(○)

〃   남쪽이면 : 불 잘 들어감(O)

〃   북쪽이면 : 불 안 들어감(×)

※아궁이가 실내에 있고 굴뚝이 밖에 있을 때는 불이 잘 안 들어간다.

−위 시공데이터는 특별조치를 하지 않고 일반적인 방법으로 시공한 사례다.

−불은 추운 겨울에 때기 때문에 바람이 시작하는 쪽이 유리하다.

−방향이 안 맞는 곳에는 고래개자리와 굴뚝자리를 깊게 하고 굴뚝을 높이 세우면 유리하다.

−굴뚝 모양을 따지지 않는다면 흡출기를 돌리는 것이 현명하다.

사진으로 보는
구들방 만들기

부록 2

여기에 실린 사진들은 사단법인 국제온돌학회에서 주최한 전통 구들방 놓기 체험 행사(2008~2010)에서 실제 구들을 놓는 과정을 담은 것이다.

일자고래
구들방
만들기

기초 모습(제일 안쪽이 구들을 놓을 곳)

고래 바닥 만들기

● 2008년 여름 충북 진천의 자연환경생태건축연구소에서 열린 구들체험학교 모습

기초의 아궁이 부분

흙 반죽

고래개자리 부분

제일 먼저 고래개자리를 만든다

고래개자리 완성 후 바닥 수평으로 고르기

숯을 얇게 깐다

아궁이 불문 만들기

아궁이 쪽에서 함실 쪽을 바라본 모습. 재 거르기를 설치하였다

함실 만들기

재 거름 함실

완성된 함실 바닥에 재 거름 시설이 보인다

고래둑 쌓기

함실에서 고래로 연결되는 불목

이맛돌 올리기

구들장 덮기

구들장을 덮는 작업과 한옥 골조공사를 동시에 진행

구들장을 덮고 사춤하기

불문 달기(불문 아래 작은 재거름용 불문)

아궁이 불 피우기

연기 새는 곳 잡기

외 줄 고 래
3중 회전구들
만 들 기

3중 회전 구들독 쌓기

아궁이와 불문, 굴뚝을 먼저 만들었다

● 2009년 여름 충북 진천의 자연환경생태건축연구소에서 열린 구들체험학교 모습

아궁이 불길 완화 턱

고래 쌓기

불이 처음으로 들어오는 부분이다

불이 잘 올라오도록 함실을 경사지게 만든다

외줄고래 내부(이맛돌 부분)

흙을 채운다

외줄고래 3중 회전구들을 교육 중인 안진근 구들 장인

이맛돌을 덮는다

구들장을 덮을 수 있게 턱을 만든다

밖으로 도는 고래를 먼저 만든다

바깥 줄 고래 완성

내부 고래를 완성한다

회전 고래둑이 모두 완성되었다

고래가 세 바퀴를 돌아 나가는 형상이다

바깥 부분부터 구들장을 비스듬히 덮는다

굴뚝 자리부터 역으로 구들장을 덮는다

구들장을 모두 덮었다

불을 피우고 사춤한다

아궁이와 굴뚝의 높이가 같지만 연기가 잘 빠져나간다

3중 회전구들을 완성했다

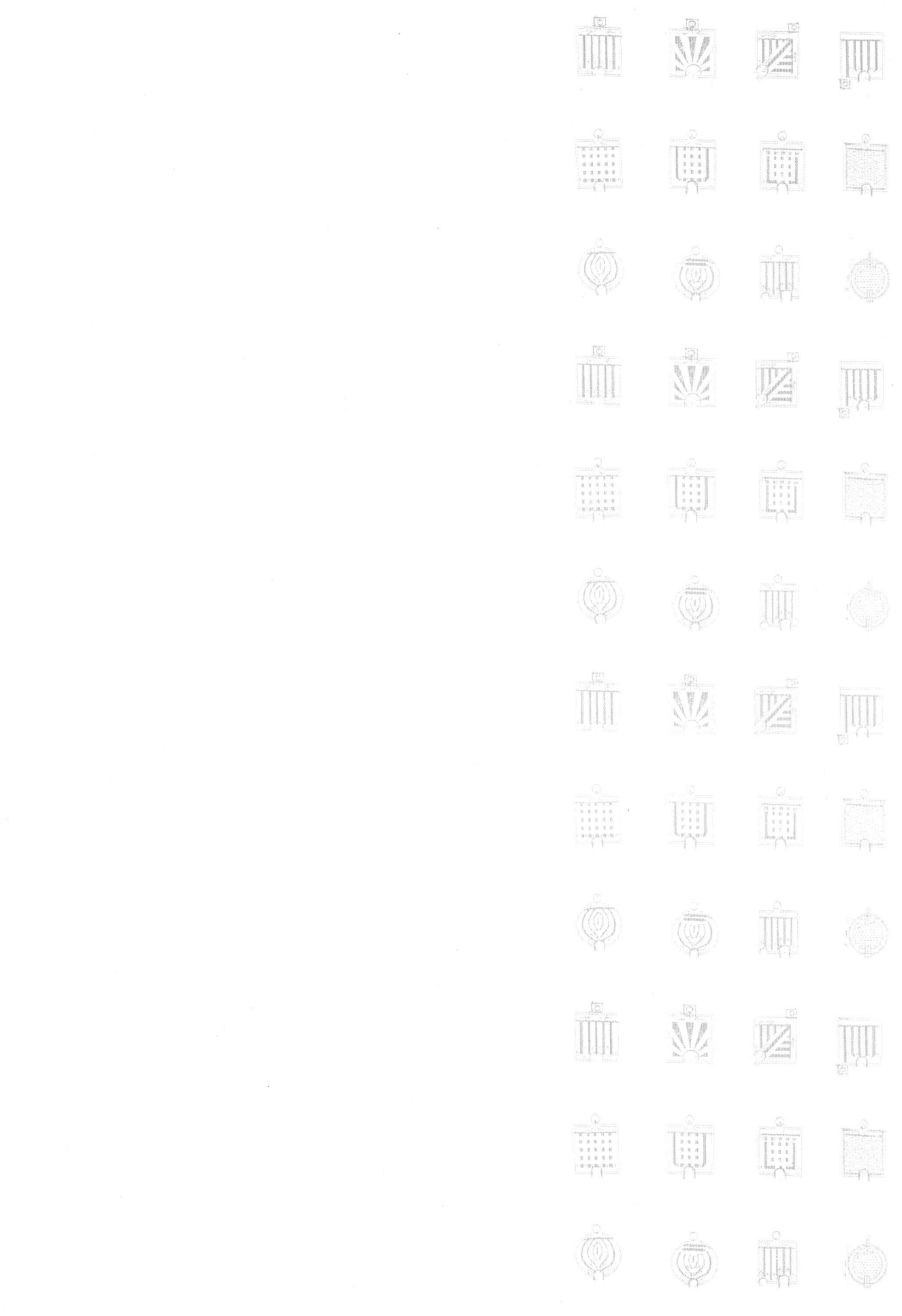

전통온돌기술자
1급 교육과정

부록

3

제1·2·3·4회
전통온돌기술자 1급 교육 모집

모집 인원 및 교육비(교육비, 자재비, 식비 포함)

- 1회 교육 기간 : 2011년 6월 3일~6월 6일(3박4일) −단, 기존 온돌학회주관 온돌학교 1-6기 수료자에 한함
- 2회 교육 기간 : 2011년 6월 25일~8월 13일(8주, 12일 매주 토요일 10시~17시)
- 3회 교육 기간 : 2011년 8월 10일~15일(5박 6일) − 단, 기존 온돌학회주관 온돌학교 1-6기 수료자에 한함
- 4회 교육 기간 : 2011년 9월 17일~11월 12일(8주 12일 매주 토요일 10시~17시)

전통구들로 황토방을 짓는 일은 모두의 소망이며, 또한 한옥으로 품격이 있으면서 황토방의 건강성을 함께 가져야 하겠지요. 전통구들이 놓여 있는 한 방은 쩔쩔 끓는 아랫목이, 그리고 다른 방은 황토방으로 건강을 유지하면서 한편으로 현대적인 주방과 화장실을 구비해야 좋겠지요. 더욱이 마음을 같이하는 집짓는 친구를 만나는 즐거움은 무엇과도 비길 수 없을 것입니다.

■ 참석 대상

- 장래 본인의 집을 황토집(정원주택)으로 짓고자 하시는 분
- 구들 기술을 체계적으로 배우고 실습해보고자 하시는 분
- 황토주택 건축을 체계적으로 배워 구들기술자(전문가)로 취업을 원하시는 분
- 취미 또는 건강을 위하여 배우고자 하시는 분
- 구들 기술자(전문가)로 취업을 원하시는 분
- 황토방 집짓기를 배우고자 하시는 남녀노소 누구나

■ 교육 내용

- 건축과 온돌의 기초이론, 온돌 황토주택의 개요, 온돌 황토주택의 견적과 자재 산출
- 구들 황토방 짓기 12단계 이론 및 실습, 자재 구입 요령, 구들 황토집의 관리와 보수
- 온돌(구들) 기초이론, 온돌(구들)의 개요, 온돌(구들)의 견적과 자재 산출

■ 교육 후 특전

- 본 과정 수료 후 소정의 시험 통과자는 전통온돌기술자격증 1급 발급
- 본 과정 수료자는 연구소에서 주관하는 각종 교육, 행사 등에 우선 초대
- 본 과정 수료 동문에 한해 황토주택 관련 자재 할인 혜택
- 황토집 건축 시 기술지도 및 동문 자치 품앗이 시공 알선 혜택

■ 교육 기관

- 주관 : 사단법인 국제온돌학회, 한국현대한옥학회, 자연환경생태건축연구소

■ 교육 강사진

- 총괄 지도교수 : 김준봉 북경공업대학 교수, 리신호 충북대학교 교수
- 전원주택 지도교수 : 유완 · 유우상 · 옥종호 · 백석종 · 이현수 · 정주현 · 백창흠 교수
- 전원주택 실무 지도 : 안영환, 김경환, 어경해 교수
- 목공 지도 : 유명성, 조완주, 김동화, 조전환 강사
- 흙집 지도 : 이한구 박사, 정종선 · 장홍래 강사
- 온돌 지도 : 오홍식 · 안진근 · 유종 · 문재남 · 김익수 · 하경남 강사
- 인허가 관련 지도 : 이규홍 · 이강만 · 윤해상 건축사

접수 및 문의

- 수업료 : 1,000,000원(교육비, 자재비, 식비 포함)
- 접수처 : (사)국제온돌학회 자연환경생태건축연구소 사무국(jbkim@yonsei.ac.kr)
  - 전화 : 043)534-9252 / 팩스 : 043)534-9252
  - 사무국 지원 휴대전화 : 010-6340-2105(이화진 간사) / 010-4937-8326(박승원 센터장)
  - 홈페이지 : www.internationalondol.org
- 접수 기간 : 사전 예약자에 한해 접수 순으로 과정 편성
  등록계좌번호 : 284801-04-063763(국민은행, 예금주 : 국제온돌학회)
  ※입금 후 사무국 이화진 간사에게 문자 혹은 전화로 통보하시기 바랍니다.

사단법인 국제온돌학회 자연환경생태건축연구소 kimjunebong@hanmail.net
사무국 : 043)534-9252 사단법인 국제온돌학회 www.internationalondol.org

전통온돌기술자 1급과 황토방 짓기 교육과정에 부쳐

소박한 꿈을 이룰 사람들이 모입니다. 전원에 구들 황토방을 지을 사람들입니다. 4~5평 구들 황토방을 짓기 원하는 사람이거나 전원주택형 한옥을 짓기 원하는 사람들이 모입니다.

전통구들이 있는 황토방을 짓는 일은 모두의 소망이지만, 한옥으로 품격이 있으면서 황토방의 건강성을 함께 가져야 하겠지요. 한 방은 전통구들이 놓여 쩔쩔 끓는 아랫목이 있고, 다른 방은 황토방으로 건강을 유지하면서, 한편으로 현대적인 주방과 화장실을 구비하면 더욱 좋겠지요. 또한 겨울에 충분히 따뜻하면서도 연료비가 절감된다면 부담이 적겠지요. 한 방은 나무를 때는 구들이면서 다른 방도 그 열기로 난방이 가능하도록 하여 기름 값이 거의 들지 않는 집으로요.

이런 집을 지으려면 좋은 업자를 만나야 합니다. 그러나 믿을 만한 대기업이나 이름 있는 건설사는 이런 개인의 집은 타산이 맞질 않아 짓지 않습니다. 그래서 알음알음으로 소개를 받아 지어야 하는데, 이것도 여의치 않습니다. 잘 짓는다는 사람은 만나기도 힘들고, 그렇다고 아무나 믿을 수도 없습니다. 하자 보수도 물론 어렵고요. 이름 있는 목수는 부르는 게 값이라 정말 터무니없게 비싸고, 사람마다 평당 가격도 천차만별이라 누구 말을 믿어야 할지 모릅니다. 그래서 집짓기는 겁이 나는 일입니다.

사단법인 국제온돌학회에서 이런 분들을 위한 기회를 만들었습니다. 바로 황토방을 만드는 온돌기술자 과정입니다. 기술도 배우고, 기술자와 좋은 이웃도 만납니다. 각종 친환경 자재로 저렴하게 황토방을 만들고 구들을 놓는 생산자를 만나고, 산수 간에 집을 지을 좋은 친구도 만납니다. 이 사람들이 모여 좋은 품앗이로 저렴하면서도 튼튼하고 편리한 집을 짓습니다.

집은 평생 한 번 짓는다고 하지요. 우리가 몸을 맡겨야 할 집, 우리가 짓지만 그 집이 우리를 짓기에 건강하고 품위 있는 한옥 황토 구들방을 지어야 합니다. 좋은 사람을 만나서 적정한 가격에 좋은 자재를 구입하여 즐겁게 집을 짓고, 나쁜 자재로 우리 몸을 괴롭히지 않으면서 나중에 하자 보수 때문에 고민하지 않을 집을 만나러 가는 일은 12주가 길지 않습니다.

매주 토요일 주말을 즐기러 야외로 나가는 일로 생각할 수 있습니다. 물론 자기 집을 지을 때 비용절감을 생각하면 아마 훨씬 더 많은 수고를 해야 하겠지요. 하지만 마음을 같이 하는 집짓는 친구를 만나는 즐거움은 무엇과도 비길 수 없을 것입니다.

전통온돌기술자 1급과 황토방 짓기 교육에 오신 여러분을 환영합니다

우리의 전통문화를 사랑하고, 특히 조상들이 물려준 찬란한 문화유산인 온돌의 전통을 계승하고 발전시키기 위해 원근 각지에서 이곳 '생거진천'의 자연환경생태 건축연구소에 오신 여러분을 환영합니다.

원시인이 오랜 옛날 석기시대에 불을 발견하면서 인류의 문화가 꽃 피기 시작했습니다. 고구려 시대에 이미 널리 바닥을 데우는 구들을 쓴 흔적이 나타나고 있습니다. 우리의 조상들은 그 불을 이용하여 몸을 따뜻하게 하는 난방 방법을 연구해 냈는데, 그 중에서도 바닥을 따뜻하게 하는 온돌이 난방 효율이 제일 높고 건강에도 좋습니다. 하지만 아직 그 기술이 개발되고 세계화되지 못했다는 것이 너무나 유감입니다.

웰빙과 친환경 생활이 화두인 이때에 이러한 구들 연구가 온돌을 전 세계에 널리 알리고 활용되는 데 밑거름이 되리라 확신합니다. 본 행사가 온돌문화에 대한 연구 성과를 널리 알리고 교류를 통해 구들 연구를 한 단계 끌어올리는 계기가 되리라 확신합니다.

저도 어렸을 적에 따뜻한 아랫목에서 시린 손과 발을 덥히던 생각이 납니다. 이불 속에서 아버지의 진지가 엎어지는 것도 모르고 장난을 치다가 어머니께 야단맞은 기억도 납니다. 이렇듯 구들은 우리 주거문화의 고향이요 향수임에 틀림없습니다. 그렇지만 구들이 과학적인 위대한 발명임에도 불구하고 실제로는 대부분 경험에 의존하는 장인들에 의해 시공되었기에 계량적이고 공학적인 분석이 미비하여 발전이 더뎠습니다. 앞으로 구들의 과학화와 계량화가 시급한 과제입니다.

존경하고 사랑하는 여러분, 이제 동아시아의 시대를 맞이하여 옛 고구려와 발해의 조상들이 남겨준 온돌문화를 계승, 발전시켜 후대에 널리 전파해야 할 사명이 우리에게 있습니다. 아무쪼록 이번 온돌학교가 원만하게 성공적으로 진행되어 참석하신 여러분들 모두 기대 이상의 성과를 거두고 돌아가는 좋은 교류의 장이 되기를 진심으로 기원합니다.

이번 전통온돌기술자 1급 과정을 통하여 조상의 뜻을 빛내고 예전의 영광을 되찾는 일에 동참하시기를 촉구하는 바입니다. 그리고 21세기 세계화의 시대를 맞아 전 세계에 흩어져 있는 한민족 문화의 결집을 소망하면서 우리 조상들의 고유한 민족문화유산인 온돌의 새로운 발견과 도약을 기원합니다.

마지막으로 수강하는 모든 선후배 간에 많은 교류를 통해 깊고 넓은 우정이 쌓이기를 기대합니다. 여러분의 건강과 하시는 사업의 무궁한 번영을 기원합니다. 대단히 감사합니다.

2011년 6월

사단법인 국제온돌학회 회장 **김준봉**

제2회 황토방 짓기 전통온돌기술자 1급 교육과정 일정

(2011년 6월 25일~8월 13일, 8주 과정)

1주차 : 2011년 6월 25일(토)

입학식, 오리엔테이션(김준봉 교수, 1회 졸업생 회장), 한옥의 이해, 생태건축, 구들과 집의 만남, 구들 이야기 등

- 10:00~12:00 상견례, 구들 견학(김준봉 교수), 구들의 시원 강의(리신호 교수)
- 13:00~17:00 외부 노천구들 놓기 기초공사 실습(유명성)

2주차 : 2011년 7월 2일(토)

온돌의 개요, 온돌 시방서, 온돌과 구들 관련 법규와 조례, 제도적 문제점과 개선점, 정책 전망, 설계와 도면 이해(오홍식 원장, 이규홍·이강만·백창흠 건축사, 유완 교수)

- 09:30~10:30 목구조 한옥(김경환)
- 10:40~11:50 외부 노천 원형구들 기초 및 구들 고래켜기(오홍식, 정종선)
- 13:00~17:00 외부 노천구들 기초 만들기 실습(유명성, 정귀성)

3주차 : 2011년 7월 9일(토)

한옥(흙집, 나무집 등)과 생태건축, 집터 잡기, 전통건축과 현대건축의 조화, 전통조경 등(유명성, 어경해 교수, 정주현 조경기술자, 김준봉 교수)

- 09:30~10:30 회전구들 강의 및 실습(유명성)
- 10:40~11:50 기초 기단 설치 및 외부 마루 기초 실습
- 13:00~17:00 노천구들 및 회전구들 해체와 조립(문재남, 안진근, 정종선, 정귀성)

4주차 : 2011년 7월 16일(토)

구들 마름질과 놓기, 흙집의 효능(리신호 교수, 이한구 박사)

- 09:30~10:30 외부 구들 놓기 실습(유명성)
- 10:40~12:00 흙건축 외부 미장과 구들장 바르기(문재남)
- 13:00~14:20 구들 데크 실습(오홍식, 유명성, 문재남, 김동하)

5주차 : 2011년 7월 23일(토)

- 10:00~17:00 구들 마름질과 놓기, 흙벽 쌓기(유명성, 정종선)
  특수 구들의 이해와 놓기, 온수난방 겸용 구들(김익수, 정귀성)

6주차 : 2011년 7월 30일(토)

- 10:00~17:00 구들 마름질과 놓기, 구들 켜기(유명성, 장흥래)
  특수 구들의 이해와 놓기, 줄고래 원형구들(오홍식, 하경남)

7주차 : 2011년 8월 6일(토)

- 10:00~17:00 구들 마름질과 놓기, 홍용고래(문재남, 정종선)

8주차 : 2011년 8월 13일(토)

인허가 관련 교육, 시험 및 수료식, 자격증 전달
- 10:00~12:00 흙건축 강의(이한구 박사)
- 13:00~15:00 기술자격 시험 및 평가
- 15:30~17:00 졸업식 및 수료식

제3회 황토방 짓기 전통온돌기술자 1급 교육과정 일정
(2011년 8월 10일~8월 15일, 5박 6일 과정)

1일차 : 2011년 8월 10일(수)

입학식, 오리엔테이션(김준봉 교수, 1회 졸업생 회장), 한옥의 이해, 생태건축, 구들과 집의 만남, 구들 이야기 등(리신호 교수, 이현수 교수)
- 10:00~12:00 상견례, 구들 견학(김준봉 교수), 구들의 시원 강의(리신호 교수)
- 13:00~17:00 외부 노천구들 해체와 견학, 기초공사 실습(유명성)

2일차 : 2011년 8월 11일(목)

온돌의 개요, 온돌 시방서, 온돌과 구들 관련 법규와 조례, 제도적 문제점과 개선점, 정책 전망, 설계와 도면 이해(오홍식 원장, 이규홍·이강만·백창흠 건축사, 유완 교수)

- 09:30~10:30 목구조 한옥(김경환)
- 10:40~11:50 외부 노천 원형구들 기초 및 구들 고래켜기(오홍식, 정종선)
- 13:00~17:00 외부 노천구들 만들기 실습(유명성, 정귀성)

3일차 : 2011년 8월 12일(금)

한옥(흙집, 나무집 등)과 생태건축, 집터 잡기, 전통건축과 현대건축의 조화, 전통조경 등(유명성, 어경해 교수, 정주현 조경기술자, 김준봉 교수)

- 09:30~10:30 회전구들 강의 및 실습(유명성, 안진근, 유종)
- 10:40~11:50 회전구들 마무리, 외부 마루 설치(안진근, 조규복)
- 13:00~17:00 노천구들 및 회전구들 복원 조립(문재남, 안진근, 정종선, 정귀성)

4일차 : 2011년 8월 13일(토)

구들 마름질과 놓기, 흙집의 효능(리신호 교수, 이한구 박사)

- 09:30~10:30 구들 데크와 외부 구들 놓기 실습(김동하)
- 10:40~12:00 흙건축 외부 미장과 구들장 바르기 실습(문재남, 유명성)
- 13:00~14:20 실습(오홍식, 유명성, 문재남, 김동하)

5일차 : 2011년 8월 14일(일)

구들 마름질과 놓기, 흙벽 쌓기(유명성, 정종선)
현대 황토구들의 이해와 놓기(온수난방 겸용 구들-김익수, 정귀성)
구들 마름질과 놓기, 구들 켜기(유명성, 장홍래)
특수 구들의 이해아 놓기(줄고래 원형구들-오홍식, 하경남)
구들 마름질과 놓기(혼용고래-문재남, 정종선)

6일차 : 2011년 8월 15일(월)

인허가 관련 교육, 시험 및 수료식, 자격증 전달

- 10:00~12:00 흙건축 강의(이한구 박사)

- 13:00~15:00 기술자격 시험 및 평가
- 15:30~17:00 졸업식 및 수료식

※상기 시간과 강사는 사정에 따라 변동이 있을 수 있습니다.

제4회 황토방 짓기 전통온돌기술자 1급 교육과정 일정
(2011년 9월 10일~11월 12일, 8주 12일 과정)

1주차 : 2011년 9월 17일(토) 10:00~17:00 충북 진천 학회본부

- 입교식, 오리엔테이션, 한옥의 이해, 생태건축, 구들과 집의 만남, 구들 이야기

2주차 : 2011년 9월 24일(토) 10:00~17:00 충북 진천 학회본부

- 온돌의 개요, 온돌 시방서, 온돌과 구들 관련 법규와 조례, 제도적 문제점과 개선점, 정책 전망, 설계와 도면 이해, 외국의 온돌

3주차 : 2011년 10월 1일(토)~2일(일) 10:00~17:00 충북 진천 학회본부

- 한옥(흙집, 나무집 등)과 생태건축, 집터 잡기, 전통건축과 현대건축의 조화

4주차 : 2011년 10월 8일(토)~9일(일) 1박 2일 경남 교육장

- 1차 구들 실습 – 경남 양산시 명동 1003번지(교육시설 및 숙소 완비)
- 교육 주관 – 〈나무와 흙〉 대표 문재남 www.woodnsoil.com

5주차 : 2011년 10월 15일(토)~16일(일) 1박 2일 경북 교육장

- 2차 구들 실습 – 경북 상주시 공검면 부곡리 210-12(교육시설 완비, 교육장 인근 민박 등 이용)
- 교육 주관 – 〈유민 구들 흙건축〉 대표 유종 www.umin9204.com

6주차 : 2011년 10월 21일(금)~22일(토) 1박 2일 강원 교육장

- 3차 구들 실습 - 강원 평창군 용평면 백옥포리 97-1(교육시설 완비, 펜션 등 선택 가능)
- 교육 주관 - 〈황토 구들 마을〉 오홍식 www. goodeul.go2vil.org

7주차 : 2011년 10월 29일(토) 궁궐구들견학(제10회 국제온돌학회 참여)

8주차 : 2011년 11월 12일(토) 충북 진천 학회본부

- 구들 실습 보충교육 및 특수구들
  인허가 관련 교육, 시험 및 수료식, 자격증 전달
- 13:00~15:00 기술자격 시험 및 평가
- 15:30~17:00 졸업식 및 수료식

교육 장소

- 사단법인 국제온돌학회 본부 : 충북 진천군 백곡면 석현리 515번지
  교육 주관 - 회장 김준봉 교수, 충북대 리신호 교수, 백석종 교수, 옥종호 교수, 이강훈교수, 유완 교수, 이한구 박사, 천득염 교수, (가나다 순)
- 1차 실습 교육장 : 경남 양산시 명동 1003번지(교육시설 및 숙소 완비)
  교육 주관 - 〈유민 구들 흙건축〉 대표 유종 www.umin9204.com
- 2차 실습 교육장 : 경북 상주시 공검면 부곡리 210-12(교육시설 완비, 교육장 인근 민박 등 이용)
  교육 주관 - 〈유민 구들 흙건축〉 대표 유종 www.umin9204.com
- 3차 실습 교육장 : 강원 평창군 용평면 백옥포리 97-1(교육시설 완비, 펜션 등 선택 가능)
- 교육 주관 - 〈황토 구들 마을〉 오홍식 www.goodeul.go2vil.org

수강료 및 수강 신청

- 수강 신청 자격 : 대학생 이상의 비장애 남녀
- 수강료 : 일반인 100만 원(교육 지재, 교재비, 식비), 대학생 및 문화재 수리 기술자 50만 원
- 수강 인원 : 20명 내외

- 수강 신청 마감 : 2011년 8월 31일
- 교육 문의 및 접수
  - 사단법인 국제온돌학회 대표전화 043)534-9252
  - 사무국 010-6430-2105(이화진 간사), 010-7182-5025(이강만 국장)
  - 국민은행 284801-04-063763 예금주 사단법인 국제온돌학회로 입금 후 사무국 이화진 간사에게 문자 혹은 전화로 통보하시기 바랍니다.

※상기 시간과 강사는 사정에 따라 변동이 있을 수 있으며 매년 두 차례 이상 충북 진천의 자연환경생태건축 연구소에서 실시될 예정입니다.

전통온돌(구들) 시공(실습) 교육자료

1. 기초하는 방법(기초 하방벽 쌓기)

①콘크리트 기초 하방일 때
②시멘트 벽돌, 블록 하방 쌓기 할 때
③자연석 토담, 와편 하방 쌓기 할 때

2. 구들(온돌)방 재료

①기초 하방 재료 : 시멘트, 모래, 자갈, 블록, 벽돌, 자연석, 기와, 흙
②구들 재료 : 이맛돌, 함실장, 구들장, 고임돌, 흙, 불문, 굴뚝, 흡출기
③기타 재료 : 철근 토막, 흙, 생석회, 풀, 하이바글라스, 기능성 규사

3. 공구 종류

①각삽, 막삽, 곡괭이, 빠루(배척), 수평호수, 수평대, 다라이, 양동이, 중해머, 실패

②손공구 : 손(칼), 나무칼, 솔, 미장판, 조적용 흙칼, 쇠흙손, 망치, 벽돌망치, 먹통, 금강석 커팅기

4. 방구들(온돌) 구조장치 시공 순서

①이맛돌 걸기 ②함실 만들기 ③연도 내기 ④고래개자리 만들기 ⑤하방 부토 채우기 ⑥불목돌 놓기(열 분배하기) ⑦고래켜기(고래 방법) ⑧시근담과 고래둑 쌓기 ⑨고래턱(바람막이) 조절하기 ⑩굴뚝개자리 만들기(굴뚝 하부 장치하기)

5. 구들장 놓는 순서

①함실장 놓기 ②고래개자리 위 덮기 ③사춤과 새석 작업 ④연기 잡기 ⑤부토 채우기 ⑥초벌 미장하기

6. 기타 부속 공사

①(솥)부뚜막 만들기 ②불문 달기 ③굴뚝 세우기 ④방 균열 잡기

7. 구들방 황토 미장하기

①내·외벽 하방 미장하기 ②초벌 미장하기 ③마감 미장하기 ④방 말리기 ⑤바닥 종이장판 깔기

책을 마치며

인간은 얼마나 사는가? 어떻게 하면 최상의 건강을 유지하며 살 수 있을까? 태고부터 만인이 궁금해 하고 소망하는 중요한 문제다. 인간이 약 70~80년 정도 산다고 가정했을 때, 그 중 약 40년은 집에서 생활하며 약 25년은 잠을 자는 데 소비한다. 그만큼 수면은 우리 인간에게 하루의 피로를 풀어주고, 인체의 모든 신진대사를 제자리로 돌려주며, 내일을 위해 재충전하는 중요한 역할을 한다.

수면을 취할 때는 모든 사람이 예외 없이 드러눕게 된다. 따라서 수면을 취하는 방은 우리 인간에게 매우 중요하며, 그 기능을 연구해 발전시켜야 하는 절실한 과제다. 한민족은 우리 선조들이 발견하고 개발한 전통 구들난방문화를 수천 년 동안 지속시키고 발전시켜 왔다. 세계의 난방방식 가운데 가장 위대하고 혁신적인 구들방의 구조 원리는 우리 한민족의 민족성과 더불어 지혜의 결정체라 할 수 있다. 건강뿐만 아니라 가족의 집단의식까지도 고취시키는 우리 전통 난방문화가 현대 과학문명의 발달로 점차 자취를 감추고 있음은 참으로 안타까운 일이다.

우리의 문화유산인 구들방을 연구, 보존하고 활용해야 하는 목적은 다음과 같다.

첫째, 문헌과 유적으로 확인된 바, 구들방이 이미 수천 년 전부터 존재해 왔다는 사실은 그만큼 우리 인간에게 유익하고 수천 년 동안 검증한 결과 가장 안전하다는 뜻이다. 따라서 열기를 오래 저장할 수 있는 구들과 구새, 아궁이, 개자리 등의 원리와 구들방 사용 시 배출되는 연기와 그을음이 천연방부제와 천연방충제 기능을 하는 이런 전통 난방구조는 후세에 보존하고 계승해야 하는 우리 민족의 문화유산이다.

둘째, 전통 구들난방 방식의 원리를 이해하고 시공방법을 터득하는 것이 필요하다. 구들의 형태와 개자리, 아궁이 등의 기능을 이해하고 그 구조와 특성을 인식한 다음, 각 부분별로 시공방법을 자세히 파악하여 구들을 놓는 데 시금석이 되도록 해야 한다. 이러한 구들난방의 원리에 대한 연구와 이해가 열의 효율적 축적, 인체에 유익한 효과, 현대 생활에서의 응용 등 기능개발을 가져온다.

책에서는 구들방을 설치하는 데 들어가는 재료와 비용을 설계와 도표 등을 통해 제시하였다. 4가지 유형의 방을 크기를 기준으로 소요되는 재료의 수량과 그에 따른 산출 근거, 비용을 현장에서 경험한 내용을 바탕으로 제안하였다.

친환경적인 자연소재로 만들어지는 구들은 우리의 인체에 유익한 효능을 주고 전원생활의 여유와 가족공동체를 느끼게 하는 한민족 고유의 전통 난방방식이다. 현대 주거건축의 변화와 일부 불합리한 풍토로 인한 구들방 시공에 어려움이 있지만, 합리적인 설계와 품셈 및 수량 산출을 근거로 전통 난방방식인 구들방을 개발, 발전, 활용하여 우리 민족 난방문화의 전통을 발전시켜 나가야 할 것이다.

저자 **일동**

온돌문화 구들 만들기

초판 2쇄 발행 | 2015년 6월 17일
초판 1쇄 발행 | 2011년 9월 30일

지은이 | 김준봉 · 문재남 · 김정태
펴낸이 | 최봉규

책임편집 | 김종석
편집 | 문현묵
표지본문디자인 | 이오디자인
마케팅총괄 | 김낙현
경영지원 | 김청희

펴낸곳 | 청홍(지상사)
출판등록 | 제2001-000155호(1999. 1. 27.)
주소 | 서울특별시 강남구 역삼동 730-1 모두빌 502호
전화 | 02)3453-6111
팩스 | 02)3452-1440
홈페이지 | www.cheonghong.com
이메일 | jhj-9020@hanmail.net

ⓒ 김준봉 · 문재남 · 김정태, 2011

ISBN 978-89-90116-45-1 03540